KB039371

힐튼이 말하다

기억을 위한 서울 힐튼 기록집

힐튼이 말하다

기억을 위한 서울 힐튼 기록집

SEOUL HILTON HOTEL 030

JONG S. KIMM, AIA ARCHITECT CHICAGO
KILLINGSWORTH, BRADY & ASSOCIATES, CONSULTING ARCHITECTS LONG BEACH

프롤로그. '서울 힐튼' 기록집을 내며

장소와 건물의 운명

이 책은 지금은 사라진 '서울 힐튼'의 기억에 대한 아카이빙이다. 일종의 추억 앨범이라고 해도 될 것이다. 기록집의 시작은 문화예술전문 매체 〈컬처램프〉 창간기획으로 2023년 4월 12일 정동 프란체스코회관에서 열린 특별 좌담회 '건축가 김종성과의 만남, 서울 힐튼 보존과 철거 사이'였다. 처음엔 좌담회 기록집을 만들기로 했다가 그것보다는 서울 힐튼에 대한 아카이빙을 하는게 더 의미가 있을 것 같아 작업을 진전시켰다. 서울 힐튼이 세워지기까지의 세월과, 두 차례 매각되어 처분을 기다리는 현재에 이르기까지, 김종성 건축가가 설계한 서울 힐튼이 한국 현대건축에서 차지하는 의미와 가치, 그리고 40년 넘게 남산 초입에 서있던 도시의 아이콘을 보존하기 위한 여러 노력들을 아카이빙 자료와 함께 실었다. 한 도시에 존재했던 한 건축물의 일생에 대한 이야기, 그 삶이 어떻게든 지속되어야 한다는 생각으로 많은 사람이 함께 마음과 열정과 시간을 모았다.

도시를 이루는 여러 건축물들은 필요에 의해 세워졌다가 다른 목적으로 바뀌어 사용되기도 하고, 외관을 바꾸기도 하면서 보여지거나 기억된다. 보여진다는 것은 전체를 하나의 구성요소로서 도시에 시각적인 형태를 제공하는 것이고, 기억된다는 것은 건축물을 사용하는 사람들에게 기쁘거나 즐겁거나 흥미로운 무언가를 제공하는 것이다.

한 건축물이 세워질 때에는 정치적, 경제적, 사회적

매커니즘이 작용하고 거대한 자본과 노동, 시간, 건축가와 인테리어 전문가 등 수많은 노력이 투입되는데 비해 용도를 다하고 더 이상 존재 가치가 없을 때에는 경제적 요인만이 위력을 발휘해 순식간에 밀어버린다. 자본주의 사회의 논리는 '더 큰 것, 더 나은 것, 더 멋진 것, 더 경제적인 것'이 최고의 선(善)이 되어 가치있는 것들이 순식간에 사라진다. 그 대표적인 사례가 바로 우리가 다루는 서울 힐튼이다.

남산 기슭에 40여년간 자리했던 서울 힐튼(후에 밀레니엄 힐튼 서울으로 바뀜)이 2022년 12월 31일 영업을 종료했다. 부동산 투자회사 이지스 자산운용이 남산 밀레니엄 힐튼 서울을 1조 3천억원이 넘는 어마어마한 가격에 매입했고, 현재 부동산의 가치를 극대화하기 위한 여러 절차가 진행 중이다. 문을 닫고 8개월 정도 지난 시기에 건물 안에 들어갈 기회가 있었다. 호텔 폐쇄와 함께 다른 업장이 모두 철수한 가운데 끝까지 버티며 영업을 하고 있는 힐튼 양복점의 이덕노 대표를 인터뷰하기 위해서였다. 서울 힐튼을 생명체라고 할 때 아직 살아갈 날이 창창한데 생명 연장장치를 모두 끊어버린 상황을 보는 것 같았다. 우아하고 세련된 아트리움을 비롯해 튼튼하고 아름다운 건물 내부는 너무나 말짱했다. 그런데 모든 창문을 못으로 고정시켜 숨을 막아놓았다. 참담한 상황이었다. 씩씩하게 달렸던 힐튼의 명물 기차는 지난 연말을 끝으로 멈춘 채 그대로 놓여 있었다. 이걸 어쩌나. 다시 생명을 불어넣을 수는 없을까.

서울 힐튼은 원로 건축가 김종성이 공들여 디자인하고 지은 한국 현대건축의 대표 작품이다. '자본'이 모든 것을 장악하고 있는 현대 자본주의 사회에서 투자자가 이윤을 극대화하려는 것을 막을 수는 없다. 하지만 이윤을 창출할 수 있는 방법이 여러 가지가 있음에도 무조건 철거하고 새로 지어 올리는 것을 최고의 선으로 치부하는 천박한 자본주의적 해결방식을 보고 있자니 답답한 노릇이다. 보존을 통해 더욱 시너지를 올릴 수 있는 또 다른 방법은 왜 생각하지 못하는 걸까?

아무리 가치가 있는 건축물이라도 지은지 40년이 지나고 50년이 안 된 건물을 제도적으로 보호할 방법은 현재로선 없다. 전통 건축은 전통 건축대로 기준이 있어서 보호하고 있고, 구한말부터 일제 강점기에 지어진 근대 건축물도 보존 가치가 인정되어 문화유산으로 지정해 보존하고 있지만 지은지 40년 전후의 현대 건축물은 이도 저도 아니어서 보존의 명분을 못 찾고 있다. 낀 세대의 비애인데 이건 웃고 넘어갈 문제가 아닌 것이 건축물은 한번 부숴 버리고 나면 그것으로 과거의 역사가 먼지처럼 사라지기 때문이다.

서울 힐튼이 철거될 것이라는 얘기를 처음 접했던 건 2021년 6월이었다. 김종성 선생의 경기고등학교 후배들이 어떻게 도움을 드려야 할지 방법을 찾고 있던 중이었고 나는 당시 아시아경제에 〈톺아보기〉라는 문화 칼럼을 연재하고 있었다. 가만히 보고만 있을 수는 없었고, 글쓰는 것을 업으로 하는 내가 할 수 있는 일은 글로써 문제제기를 하는 것뿐이었다. 미국에 거주 중인 김종성 건축가와 전화 인터뷰를 한 뒤 2021년 6월 15일 〈서울 힐튼호텔이 사라진다면〉이라는 제목으로 칼럼을 썼다.

그리고 1년 뒤(2022년 5월 19일)에는 서울 힐튼 문제의 해결방법을 찾기 위해 한국을 방문한 김종성 건축가와 조우하게 됐다. 이메일로 미리 약속을 잡고 밀레니엄 힐튼 서울(당시 너무 잘 운영 중이었다) 로비에서 만나 함께 호텔을 보면서 인터뷰 시간을 가졌다. 그리고 서울신문에 연재하는 건축기획물 〈건축오디세이〉에 서울 힐튼의 건축적 가치를 부각시키는 글을 썼다. 〈건축오디세이〉는 건축가와 함께 직접 건축물을 답사하고 글을 쓰는 기획이었는데, 원로 건축가의 오래된 작품을 글로 쓰는 작업은 나름의 의미가 있다고 생각했다. 2022년 5월 23일자로 실린 〈건축오디세이〉 17회차 글의 제목은 〈남산과 '40년 공존' 모더니즘 걸작… 철거 위기 넘어 '또 다른 공존' 도전〉이었다. 제목에서 알 수 있듯이 힐튼의 건축적 가치를 조명하면서 김종성 건축가가 제시하는 보존의 해법을 중심으로 쓴 글이었다.

김종성 건축가와 처음 통화를 한 2021년 여름엔 서울 힐튼의 '철거 후 재건축'이 하나의 가능성으로 제기됐을 때였다. 선생은 철거를 하지 않고 다른 방법이 있다는 것을 생각했으면 좋겠다고 아쉬움을 표했을 뿐 전면에 나설 분위기는 아니었다. 하지만 흘러가는 모양새가 걷잡을 수 없어지면서 미수(米壽)를 바라보는 건축가는 장거리 비행의 노고를 감내하면서 수시로 한국을 찾아 다양한 방법으로 각계에 호소를 해왔다.

서울 힐튼은 한국 현대 건축을 대표하는 한 모더니스트 건축가의 작품인 동시에 오늘의 대한민국이 있게 한 초석을 닦은 시대에 지어진 건축물이라는 의미가 분명히 있다. 무조건 부수고, 개발하기에 앞서 이 건축물이 우리 건축사에, 그리고 우리 사회에, 서울이라는 도시에 어떤 의미가 있는지 짚어 보고 결정해야 한다. 맥락이 있고 품격이 있는 도시는 어떻게 만들어지는지 고민해 봐야 한다. 하지만 안타깝게도 우리는 그렇지 않았다. 그리고 지금까지 그랬던 것처럼 너무 쉽게 허물고, 너무 쉽게 지어 올리는 세태는 당분간 변하지 않을 것 같다.

우수천석(雨垂穿石)의 마음으로 기록하기

건축계에서도 서울 힐튼 문제를 놓고 이런 저런 토론회가 간간이 열렸다. 하지만 모든 게 그때 뿐이었고 철거에 반대하는 사회적 여론을 일으키는데는 힘이 되지 못했다. 이대로 한 시대를 대변하는 역사적 건축물이 사라진다는 것이 너무 안타까웠다. 무언가 거대한 일이 진행되고 있다는 불길한 예감. 이대로 넘어갈 수는 없다는 생각을 떨칠 수 없었다. 다시 움직여야겠다는 생각을 하게 된 것은 2023년 봄이다. 힐튼의 보존을 위한 여론을 조성하기 위해 무언가 행동해야겠다고 마음먹었다.

위세를 떨치던 코로나도 물러가고 웅크렸던 몸과 마음을 다잡고 그동안 계획만 세우고 있었던 문화예술 전문 온라인 매체를 시작한 것이 계기를 제공했다. 2023년 2월 23일 미술·음악·무용·공연 등 문화예술 장르와 더불어 건축을 특화한 〈컬처램프〉의 정식 발행을 시작했다. 다음으로는 우리나라 건축의 현주소를 읽고, 비평하는 칼럼을 쓸 수 있는 건축가들을 수소문했다. 홍재승 건축가의 도움으로 훌륭한 건축가 4명으로 건축칼럼 팀이 구성됐다. 건축칼럼 필진과 1차 발대식 비슷한 모임을 갖고 주제를 논의했다. 공통의 주제를 놓고 각자의 의견을 써보는 것을 제안했고, 첫 주제로 서울 힐튼 보존과 철거 문제를 다루는 것이 어떨지 물었다. 나는 철거를 반대하는 입장인데 다른 건축가들의 생각이 궁금했기 때문이었다. 다행히 모두들 시의적절하다는 공감을 표했다. 홍재승 건축가가 건축칼럼의 첫 테이프를 끊었다[179p]. 지정우 건축가[185p], 오호근 건축가[193p], 전이서 건축가의 칼럼[201p]이 이어졌다. 그리고 김종성 건축가의 방한을 계기로 좌담회[215p]를 열었다. 우대성 건축가가 진행하고 김종성 건축가와 〈컬처램프〉 칼럼니스트인 네 명의 건축가가 패널로 참여한 좌담회가 성료됐다. 건축계의 호응은 기대 이상이었고 이 책을 내는데 힘이 되어 주었다.

김종성 건축가를 포함해 많은 분들의 도움으로 책을 낸다. 기록집 발제를 해준 박준기 디자이너, 홍재승 건축가, 이강석 사진작가, 김다희 편집자, 그리고 기획회의 장소를 내어주고 함께 고민해 준 에그피알 홍순언 대표, 그리고 아카이빙을 도와준 이현영 국립현대미술관 아키비스트 등의 도움이 없었다면 불가능했을 일이다.

전통 건축물도, 근대 건축물도 아니라고 해서 보호받아야 할 건축물이 보호받지 못한다면 100년 후 서울이라는 도시는 어떤 모습을 하고 있을까. 한국 1세대 현대 건축가 김수근의 작품 공간사옥 건물(현 아라리오 미술관)이 2013년 경매에 나왔을 때 많은 건축인과 예술인들이 건물의 보존을 위해 힘썼고, 그 결과 50년이 안 된 건물이지만 건축과 문화적 가치를 인정받아 문화재로 등록됐다. 미국의 경우 문화재라는 등급은 없지만 시그램 빌딩의 경우 뉴욕시에서 레지스터드 랜드마크(Registered Landmark)로 지정해 소유주가 바뀌어도 큰 틀은 건드리지 못하도록 하고 있다. 이런 사례들을 보며 희망을 가져 본다.

우수천석(雨垂穿石). 떨어지는 빗방울이 돌을 뚫는다고 했다. 이런 노력이 하나둘씩 모이면 뭔가 달라지지 않겠나.

서울 힐튼 기록집 기획팀을 대표하여 함혜리 씀,
2024년 벽두

일러두기

· 책에 나오는 힐튼 호텔에 대한 통상적인 명칭 표기는 '서울 힐튼'으로 통일하였습니다. 단, 시기상 2004년 호텔 운영 회사 밀레니엄 인수 이후 시기를 특정할 경우에만 '밀레니엄 힐튼 서울'로 용어를 사용했습니다.

· 김종성 건축가의 글의 일부 내용의 출처는 『김종성 구술집』(마티)이며, 문체는 문맥에 맞추어 수정했습니다.

· 단행본은 『』로, 매체, 기사, 전시는 〈〉로, 논문, 법률은 「」로, 빌딩과 프로젝트는 원문에 따라 ' '로 표기했습니다.

· 국립국어원 외래어표기법에 따라 외국 인명과 외래어 등을 표기했습니다. 다만 더 널리 쓰이는 표현의 경우 이를 따랐습니다.

· 수록한 사진 중 출처나 제공 표시를 하지 않은 것들은 대우 홍보팀에게 직접 전달받거나, 원작자가 불분명한 경우입니다. 그 외 출처가 있는 경우 출처를 명시했습니다.

· 표기 중 기존의 자료를 쓰는 경우 '출처'로 표기하였고, 『힐튼이 말하다』를 위해 찍거나 생산한 경우 '사진'으로 명시했습니다.

힐튼의 모습들

힐튼 이미지 아카이빙

힐튼 이미지 아카이빙에 앞서

1977년 12월 14일, 대우그룹 계열사 동우개발은 힐튼 인터내셔널과 호텔 위탁 경영 계약을 맺는다.

1979년 3월 호텔 건물 공사가 시작되었다. 1981년 철골프레임이 설치되었으며 1982년 상량식을 거행한 이후, 1983년 12월 7일 '외화가득률이 높은 관광 산업에 진출하여 국제 수지 개선에 기여한다'는 목적 하에 최고 시설의 비즈니스 호텔을 표방하며 전면 개관했다.

서울 힐튼은 개관 이래 610개의 최고급 객실과 컨벤션 센터 외에 오랑제리, 팜코트, 겐지, 오크룸, 시즌즈 등의 수준급 다이닝과 가든 카페를 선보였다. 1987년 이탈리안 식당 일 폰테가 오픈한 후 한식당 수라, 실란트로, 가든뷰도 차례로 오픈했다. 개관 2년 후에는 서울시 건축상 금상을 받았으며 대형 건축물임에도 설계에서 시공까지 순수한 우리 기술로 세웠다는 점, 특히 평면 처리가 뛰어나다는 평가를 받았다.

5성급 관광호텔로서 많은 국제행사를 치르기도 했다. 개관 첫해인 1983년 국제의원연맹회의(IPU)를 성공적으로 개최한 것에 이어 1984년 아시아광고대회, 1985년 IMF/IBRD 대회, 1987년 PATA 총회를 차례로 개최했다. 1988년에는 서울올림픽 공식 방송사인 NBC 방송 본부가 되었고 1992년 찰스 영국 황태자 내외 공식 방한을 기념하는 '브리튼 포 코리아' 영국 상품 서비스 전시회 등 다양한 대규모 국제 행사를 치러냈다. 수많은 이들의 크리스마스의 추억이 깃든 곳도 서울 힐튼이다. 1995년 크리스마스 열차는 첫 발차식을 가졌고 1998년 첫 대형 크리스마스 트리가 설치되며 포토존으로 인기를 끌었다.

이후 대우그룹이 와해되면서 대우개발 소속의 서울 힐튼은 1999년 12월 1일 싱가포르계 투자 전문 회사인 씨디엘호텔코리아로 소유권이 이전됐다. 2004년에는 밀레니엄 힐튼 서울로 호텔명을 변경했다. 20여년 호텔 영업을 해 온 씨디엘호텔코리아는 이지스 자산운용에 서울 힐튼을 매각했다. 2022년 12월 마지막 겨울을 보내고, 서울 남산 자락에서 40년 동안 남산을 껴안고 서울을 내려다보던 서울 힐튼은 운영을 종료했다.

◇金宇中 大宇사장(右)과 스트랜드 힐튼사장이 호텔合作계약에서명하고있다.

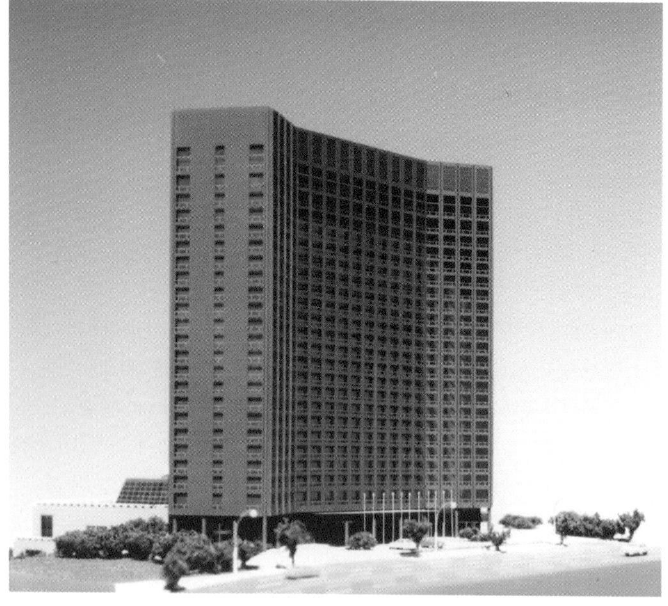

1977 ↑

대우 김우중 사장과 힐튼 스트랜드 사장의 호텔 협작 계약서 서명 기사 〔출처 : 조선일보〕

1978 ↓

서울 힐튼 조감도 〔출처 : 김종성〕

1977

서울 힐튼 설계 도면 〔출처 : 국립현대미술관 미술연구센터 소장, 김종성 기증〕

1980

양동지구 재개발 청사진 〔출처 : 임정의/청암아카이브〕

1980
공사중인 서울 힐튼 모습 〔출처 : 국립현대미술관 미술연구센터 소장, 김종성 기증〕

1979

서울 힐튼 기공식

1980

공사중인 서울 힐튼

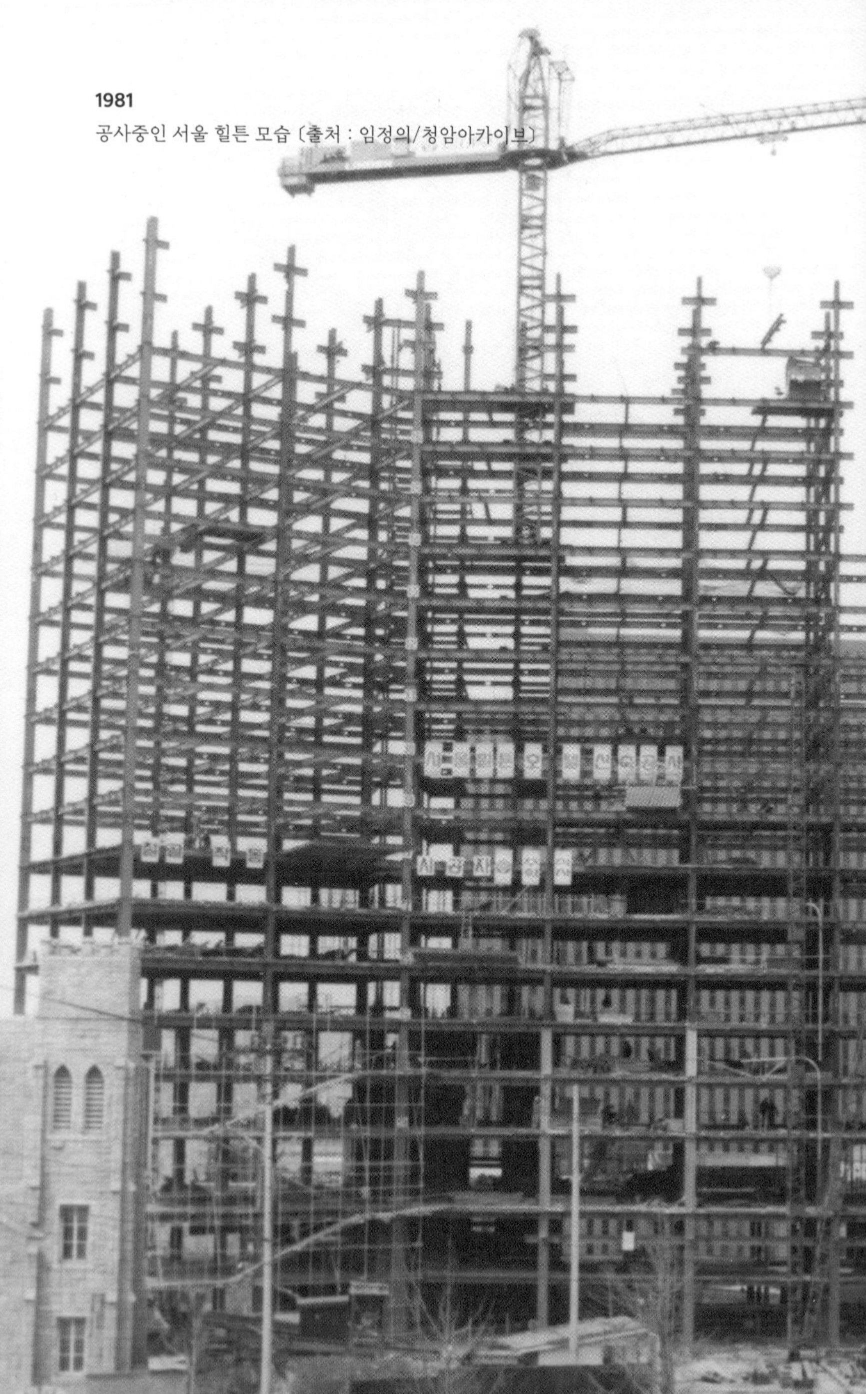

1981

공사중인 서울 힐튼 모습 〔출처 : 임정의/청암아카이브〕

1981
공사중인 서울 힐튼 모습 〔출처 : 임정의/청암아카이브〕

1981 ↑

공사중인 서울 힐튼 모습
〔출처 : 국립현대미술관 미술연구센터 소장, 김종성 기증〕

1982 ↓

본관상량식

1982

공사중인 서울 힐튼 주변 모습 〔출처 : 서울역사아카이브〕

1982

공사중인 서울 힐튼 모습 〔출처 : 임정의/청암아카이브〕

1982

공사중인 서울 힐튼 모습 〔출처 : 임정의/청암아카이브〕

1983

완공 당시 서울 힐튼 모습 〔출처 : 국립현대미술관 미술연구센터 소장, 김종성 기증〕

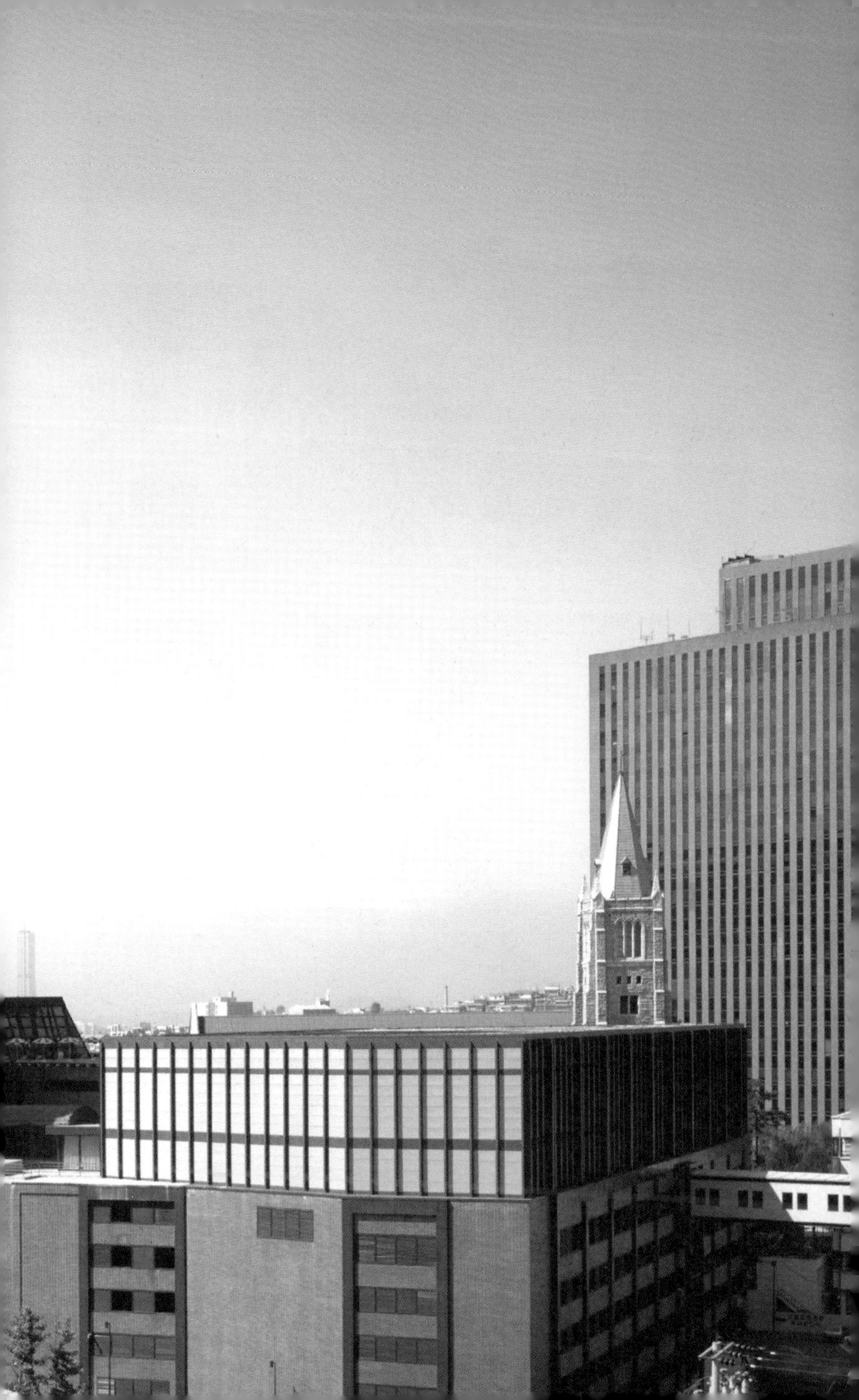

1983

개관 당시 안내 책자에 실린 홍보 사진들

1983

개관 당시 안내 책자에 실린 홍보 사진들

1983

김우중 회장 서울 힐튼 순시

새 대우가족을 찾습니다

"서울힐튼호텔과 함께 성장할 참신한 인재를 찾습니다."

1. 모집부문

구분	모 집 부 문	인원	자 격
간부사원	경리, 전산, 시설, 객실, 객실관리, 판매, 판촉, 홍보.	○○명	1. 4년제대학 이상의 학력소지자로서 해당분야의 실무경력 6년 이상인자.
중견 및 일반경력 사원	●인사, 경리, 회계, 전산, 구매 ●시설 (기계설비, 전기통신, 방재) ●식음료 (음료, 연회, 식음료관리, 기물관리) ●객실관리 (객실정비, 린넨, 세탁) ●판매, 판촉, 홍보 ●영문속기및 타자 ●통신, 경비.	○○명	1. 중견사원 4년제대학 또는 동등한 학력소지자로서 해당분야 실무경력 3년 이상인자. 2. 일반경력사원 고졸이상의 학력소지자로서 해당분야 실무경력 2년 이상인자.
영업직	●연회담당 헤드웨이터 ●종업원 식당 지배인 및 조리사 ●주방장. ●식음료 및 주방 아티스트 ●후론트 리셉션요원. ●예약담당. ●교환/텔렉스 요원.	○○명	1. 고졸이상의 학력소지자로서 해당분야 자격증 소지자

※ 각부문 공히 병역필자 또는 면제자로서 해외여행에 결격사유가 없는자.

2. 전형방법

서류전형 —— 면 접 —— 신체검사

3. 제출서류

가. 입사지원서 (당사 소정양식) ······ 2통
나. 최종학교 전학년 성적증명서 ······ 1통
다. 소지 자격증 사본 ······ 1통

4. 입사지원서 교부 및 접수기간

1983. 5. 21 (토) ~ 1983. 5. 26 (목)

5. 입사지원서 교부 및 접수처

대우센타 1층 현관.
＊우편접수 : 중앙우체국 사서함 7692.

6. 기 타

가. 서류전형 합격자 및 면접일정은 개별통지함.
나. 우편접수는 마감일 도착분에 한함.
다. 접수된 서류는 일체 반환치 않음.
라. 기타 세부사항은 당사 인사부 (753-4514/[illegible]/4769)로 문의바람.

주식회사 동우개발/서울힐튼호텔

서울특별시 중구 남대문로5가 541. 대우빌딩.

1983

서울 힐튼 직원 공고 기사 〔출처 : 동아일보〕

오늘, 힐튼 호텔이
전관 개관하였읍니다.

1983 ↑

서울 힐튼 전면 개관 기사 〔출처 : 조선일보〕

남산중턱의 우아한 호텔

남대문과 시내가 한눈에 내려다 보이는 남산 기슭
남산의 4계절을 호흡하는 지상22층의 새 모습의 호텔
모습이 새로운 만큼 예의바르고 기능도 참신한 호텔 –
바로 손님 여러분을 모실 호텔입니다.

활발히 움직이는 "비지니스 맨"의 호텔

712개의 초호화 객실, 각종 레스토랑, 라운지, 사우나
헬스클럽, 실내 수영장 등…
훌륭한 시설로 손님을 모실 완전한 준비를 갖추었읍니다.
3,700명을 수용할 수 있는 국내 최대의 연회장 –
「컨퍼런스·센터」, 우아한 「볼룸」과 17개의 대·소
연회장을 비롯 활발히 움직이는 「비지니스·센터」는 바로
「비지니스 맨」 여러분의 것입니다.

* 1985년 IMF/IBRD 총회장으로 결정되었으며, 부대시설 포함
1984년 4월 완공예정입니다.

서울 중구 남대문로5가 395 전화 : 753-7788

1983 ↓

서울 힐튼 개관식

1984

우수 종업원 시상식

1984

선물포장 경연대회 시상식

1984

1984년의 서울 힐튼 주변 모습 〔출처 : 서울역사아카이브〕

1985 ↑

IMF 총회를 앞둔 주변 도로 정리

1985 ↓

IMF 총회를 앞둔 직원 교육 현장

1985

IMF 총회

1985

서울 힐튼 주변 모습

알림

1. 힐튼호텔 영예의 대통령 표창 수상

지난해 10월에 개최된 제40차 세계은행/국제통화기금(IBRD/IMF) 서울연차 총회에 대한 공로로 1986년 1월 7일 [illegible] 대표하여 [illegible] 사장께서 대통령 표창 [illegible]을 수상하였습니다.
[illegible]

2. 힐튼호텔 서울시 건축상 부문 금상 획득

힐튼호텔은 지난 12월 23일 서울시에서 선정하는 건축상 금상1, 은상2, 동상5, [illegible] [illegible]

1985. 1. 10 홍 보 실

Seoul Hilton International

1985 ↑

힐튼가족 송년회

1986 ↓

대통령 표창 수상 및
서울시 건축상 금상 수상 공고문

1986
건축상 시상식 현장(전시관)과 서울 힐튼 소개

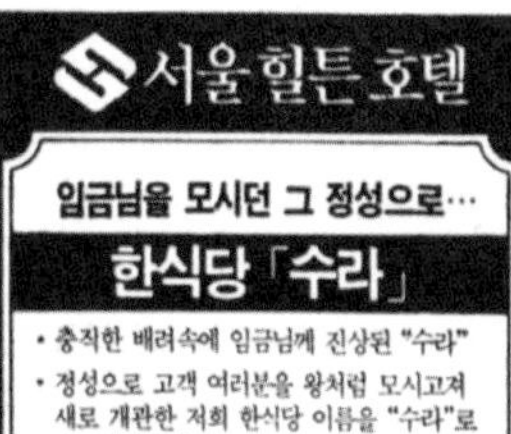

1987 ↙
일 폰테 오픈 기사와 오픈 당시 모습
〔출처 : 조선일보〕

1988 ↗
수라 오픈기사
〔출처 : 조선일보〕

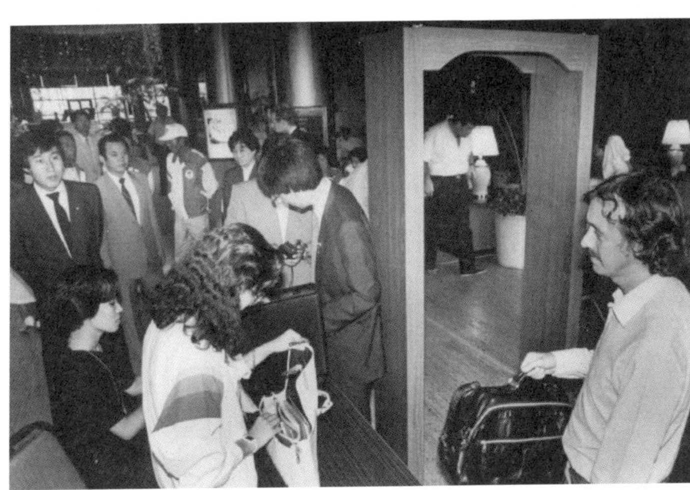

1988

서울시경이 서울올림픽 대회 참가 외국인의 신변 안전을 위해 서울 힐튼 출입구에 금속 탐지기를 설치, 출입자의 검색을 하는 모습 〔출처 : 동아일보〕

1990

제3차 남북 고위급 회담 개최 〔출처 : korea times〕

1994

노태우 대통령이 미하일 고르바초프 소련 대통령을 만나 인사하는 장면
〔출처 : korea times〕

1995

1995년의 서울 힐튼 주변 모습 (출처 : 서울연구원)

Hilton

1995

첫 크리스마스 열차 발차식 〔출처 : korea times〕

1998

김종성 건축가가 찍은 서울 힐튼

사진제공 힐튼호텔

힐튼호텔 정희자회장(오른쪽에서 두번째)은 귀빈들이 방문할 때면 남편 김우중회장과 함께 손님을 맞이했다. 올해 2월 피델 라모스 전 필리핀대통령 부부가 힐튼호텔을 찾았을 때 정회장이 선물을 건네며 영접하고 있다.

鄭禧子여사가 자식처럼 아꼈던 회사

大宇사랑방 힐튼호텔 2억달러에 해외 매각

대우그룹의 서울힐튼호텔이 룩셈부르크 호텔운영회사인 제너럴 메디터레니언 홀딩(GMH)에 2억1500만달러(약 2500억원)에 팔린다.

대우는 18일 GMH측과 매각합의서를 체결하고 7월초 양수도 절차를 마무리할 계획이라고 발표했다.

이번 매각은 대우가 4월 발표한 대규모 자산매각 계획 가운데 처음 성사된 것. 이를 계기로 나머지 외자유치협상도 진전될 수 있을지 주목된다.

83년 지어진 서울힐튼호텔은

룩셈부르크社와 합의서 체결

鄭여사 직접경영

애지중지 알짜기업

매각 결정하던날 통곡

국제통화기금(IMF)체제 직후인 작년에도 30억원의 흑자를 내는 등 지금까지 한번도 적자를 낸 적이 없는 알짜호텔. 특히 김우중(金宇中)대우회장의 부인인 정희자(鄭禧子)대우개발회장이 직접 경영을 맡아 애지중지 가꿔온 호텔이어서 이번 매각대상에 포함시키기까지 남모르는 아픔이 있었다.

서울힐튼호텔이 매각대상에 포함된 것은 전적으로 김회장의 결정. 김회장은 대우그룹이 재무구조개선 계획을 발표하던 4월19일 낮 갑자기 "가장 아끼는 것부터 팔겠다"며 알짜기업인 서울힐튼호텔과 대우중공업 조선부문을 매각대상에 넣도록 지시했다. 그룹내 모든 사람들이 힐튼은 맨 마지막 매각대상이라고 생각하고 있을 때였다.

이 소식을 들은 정회장은 "누구 호텔인데 맘대로 파느냐. 당장 매각대상에서 빼라"며 김회장 뜻에 정면으로 맞섰으나 김회장의 입장은 단호했다. 정회장은 이날 저녁 김회장이 주최하는 남산클럽의 부부동반모임에 참석하기 위해 미장원까지 다녀왔지만 행사직전에 힐튼매각 계획이 발표되자 모임에 불참하고 호텔방에서 통곡했다고 한다.

정회장은 서울힐튼호텔에 진열된 미술품을 직접 보고 골랐으며 인테리어도 일일이 직접 손보는 등 호텔 구석구석에 애정의 손길이 미치지 않은 곳이 없을 정도로 애착을 가졌다.

정회장이 호텔사업에 전념하게 된 것은 장남인 김선재씨의 갑작스러운 사망 때문. 90년 장남이 미국에서 교통사고로 세상을 떠나자 정회장은 선재미술관을 건립하고 호텔수익금으로 미술관사업에 몰두했다.

그러나 '여장부' 정회장도 그룹의 운명앞에서는 어쩔 수 없었다. 한때 하루하루 자금사정을 점검해야 할 만큼 긴급한 상황에 처하자 정회장은 결국 '분신'처럼 여기던 힐튼호텔을 내놓음으로써 대우 정상화를 위한 김회장의 노력에 동참했다.

대우측은 이같은 정회장의 심정을 헤아려 처음엔 힐튼호텔을 내국인에게 팔려고 애썼으나 인수자가 없어 끝내 외국기업에 넘기게 됐다는 것.

그동안 대우의 외국 손님을 주로 영접하며 대우그룹의 '사랑방'역할을 해온 서울힐튼호텔. 진통끝에 성사된 이번 매각을 계기로 대우그룹의 구조조정은 더욱 가속화할 것으로 보인다.

〈이영이기자〉
yes202@donga.com

1999

서울 힐튼 매각 뉴스〔출처 : 동아일보〕

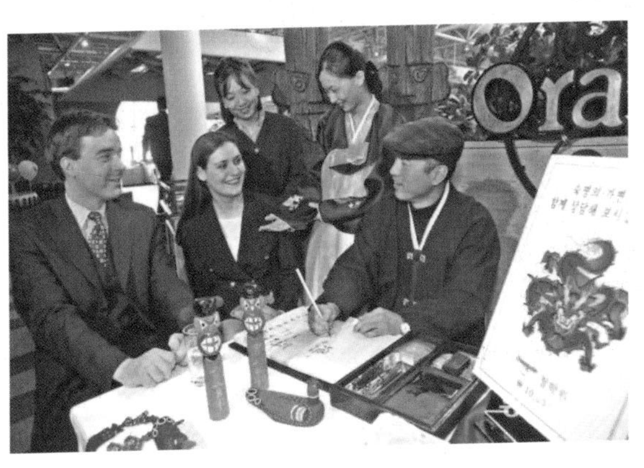

2000 ↑

서울 힐튼과 제일제당 사옥
〔출처 : 서울연구원〕

2000 ↓

새천년 설 명절을 앞두고 호텔 로비에서
토정비결과 사주를 봐주는 행사
〔출처 : 동아일보〕

2002 ↑

김대중 대통령이 제34회 국가조찬기도회 참석한 모습

2003 ↓

노무현 대통령이 YMCA 창립 100주년 기념식에 참석한 모습

2004
서울 힐튼에서 밀레니엄 힐튼 서울로 호텔명과 로고 변경

2005

2005년의 서울 힐튼 주변 모습 〔출처 : 서울연구원〕

2008

2008년의 서울 힐튼 주변 모습 〔출처 : 서울연구원〕

2014

2014년의 서울 힐튼 주변 모습 〔출처 : 서울연구원〕

2019

2019년의 서울 힐튼 주변 모습 〔출처 : 밀레니엄 힐튼 서울〕

2020

2020년의 서울 힐튼 주변 모습 〔출처 : 서울연구원〕

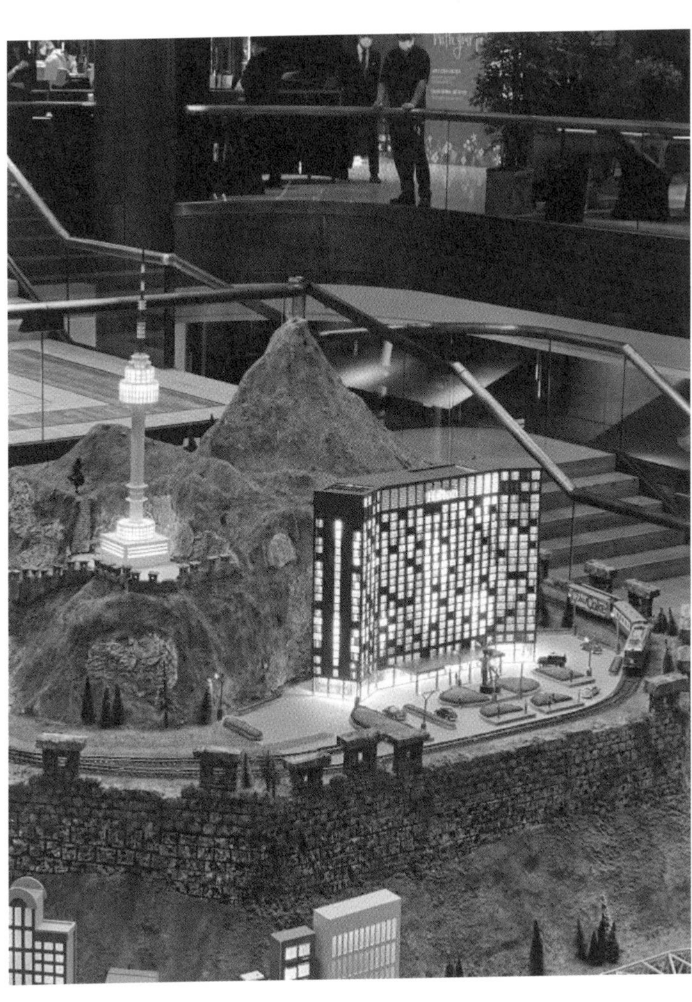

2022

2022년 서울 힐튼 로비의 크리스마스 열차 〔출처 : 바이브랜드〕

2022

2022년 마지막 영업을 앞둔 서울 힐튼의 모습 〔출처 : 임준영/청암아카이브〕

2022

2022년 마지막 영업을 앞둔 서울 힐튼의 모습 〔출처 : 임준영/청암아카이브〕

2022

2022년 마지막 영업을 앞둔 서울 힐튼 내부 〔출처 : 임준영/청암아카이브〕

2022

2022년 마지막 영업을 앞둔 서울 힐튼의 모습 〔출처 : 임준영/청암아카이브〕

Hilton
Seven Luck CASINO

2022

2022년 마지막 영업을 앞둔 서울 힐튼 내부 〔출처 : 임준영/청암아카이브〕

2022

2022년 마지막 영업을 앞둔 서울 힐튼 내부 〔출처 : 임준영/청암아카이브〕

2022

2022년 마지막 영업을 앞둔 서울 힐튼의 모습 (출처 : 임준영)

lton

2023
영업 종료 이후 간판을 떼는 모습 〔출처 : 뉴시스〕

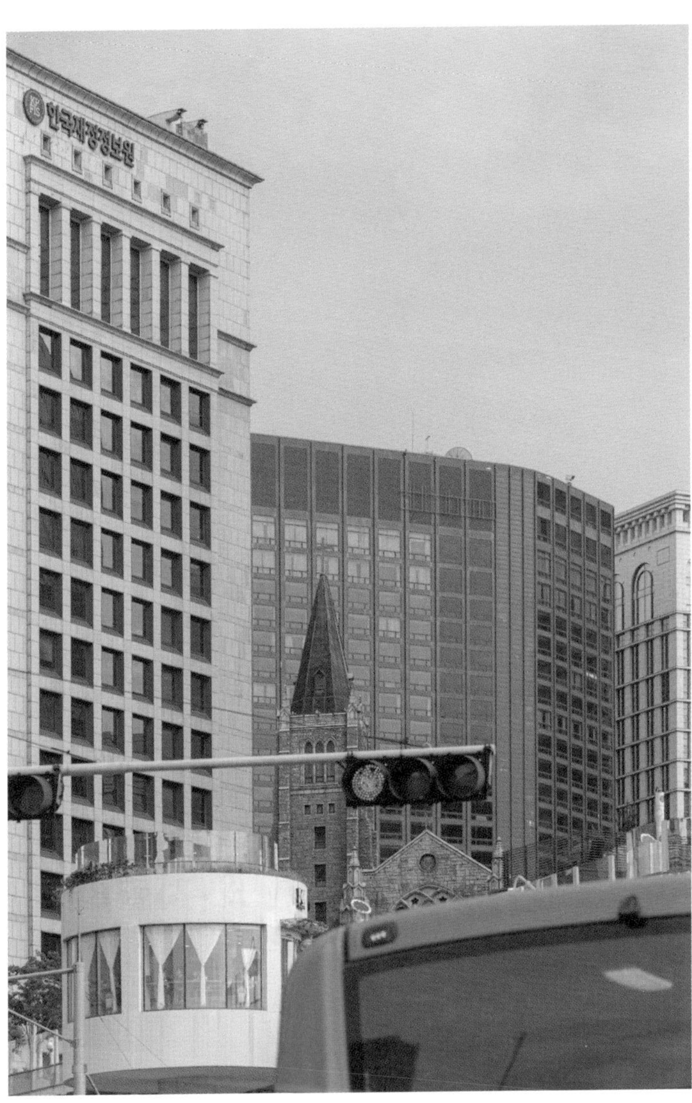

2023

영업 종료 이후 2023년의 서울 힐튼 〔사진 : 이강석〕

2023

영업 종료 이후 2023년의 서울 힐튼 〔사진 : 이강석〕

2023
영업 종료 이후 2023년의 서울 힐튼 〔사진 : 이강석〕

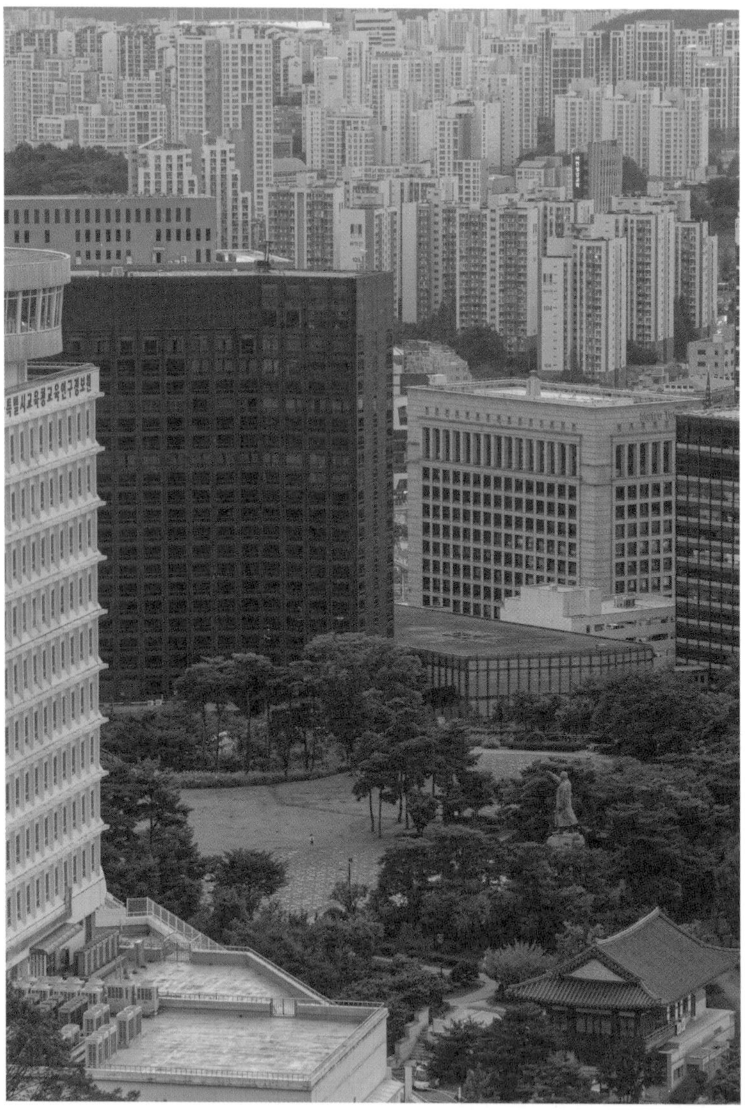

2023

영업 종료 이후 2023년의 서울 힐튼 〔사진 : 이강석〕

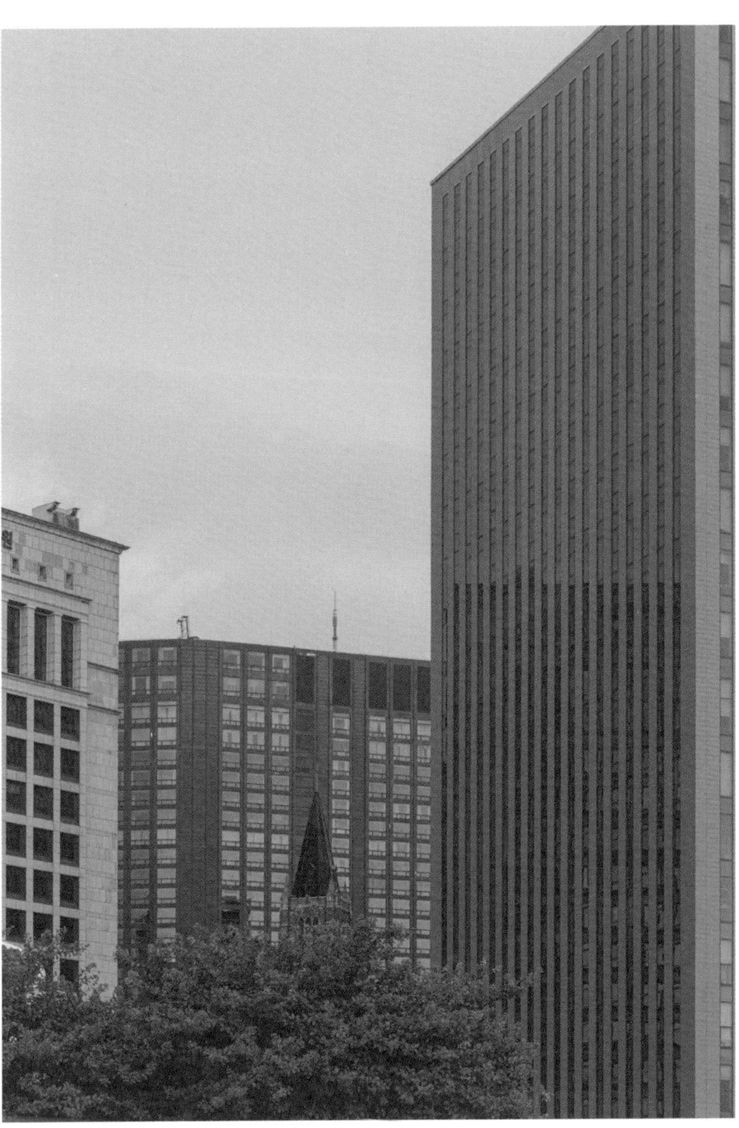

2023

영업 종료 이후 2023년의 서울 힐튼 〔사진 : 이강석〕

2023

영업 종료 이후 2023년의 서울 힐튼 〔사진 : 이강석〕

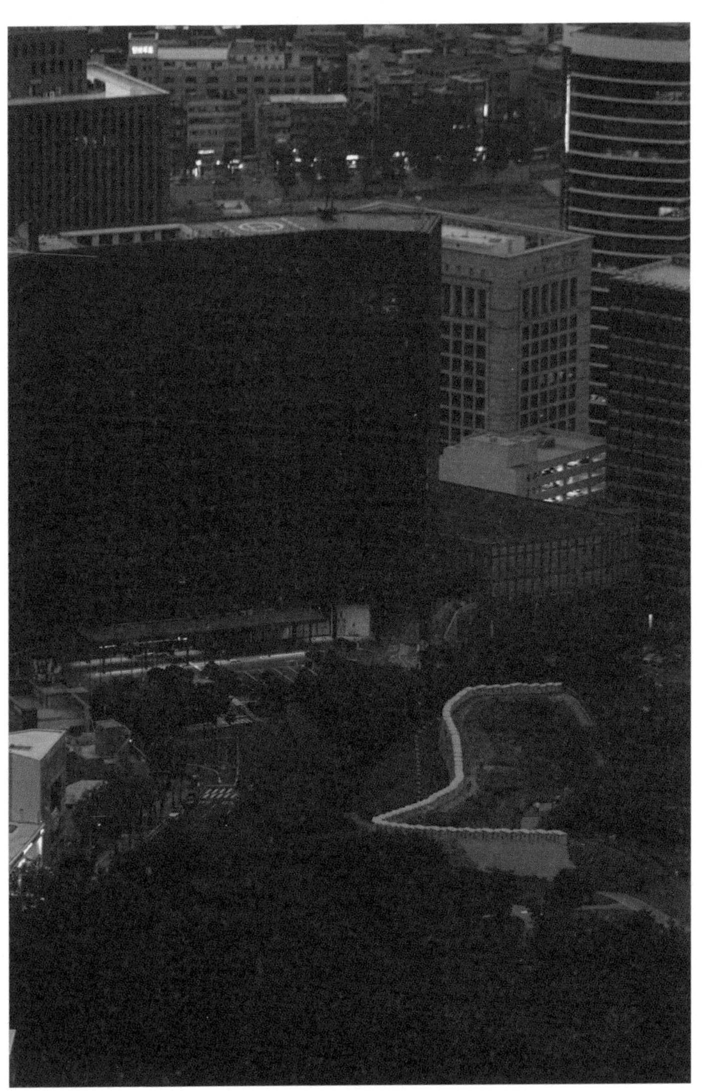

2023

영업 종료 이후 2023년의 서울 힐튼 〔사진 : 이강석〕

2023
영업 종료 이후이지만 힐튼 양복점의 운영으로 로비에 불이 켜진 모습
〔사진 : 이강석〕

2023
영업 종료 이후이지만 힐튼 양복점의 운영으로 로비에 불이 켜진 모습
(사진 : 이강석)

2023

영업 종료 이후 2023년의 서울 힐튼 〔사진 : 이강석〕

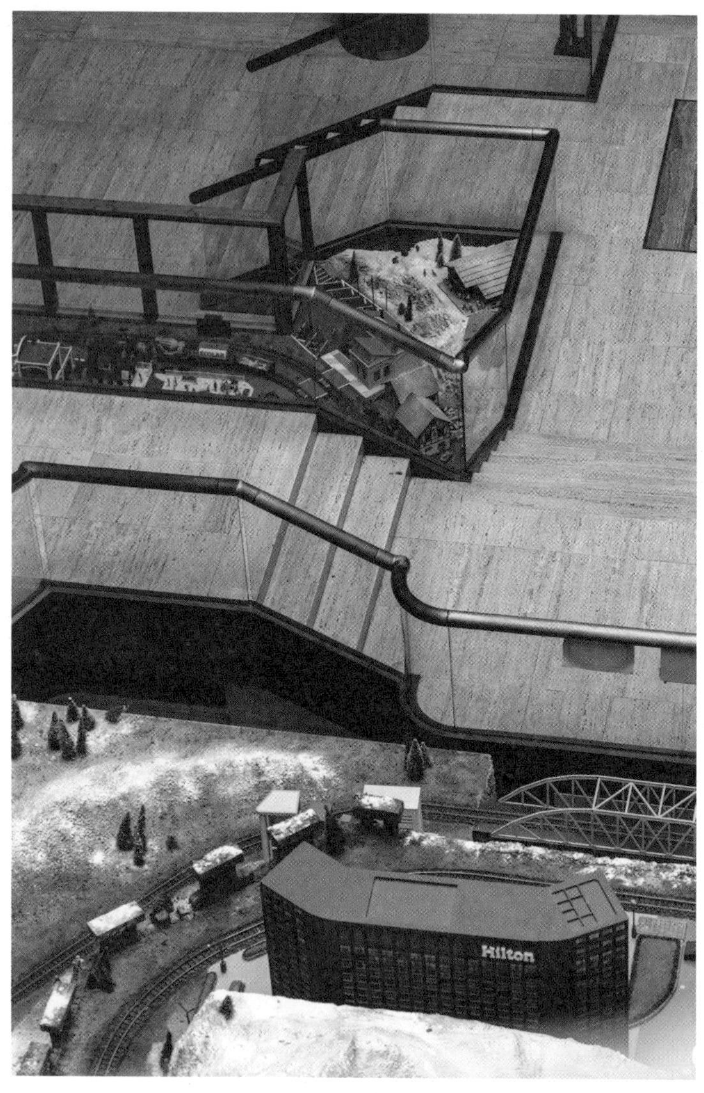

2023

영업 종료 이후 2023년의 서울 힐튼 〔사진 : 이강석〕

힐튼의 탄생

도시와 이미지, 그리고 기억

전쟁 이후 폐허가 된 땅에서 힐튼이 탄생하기까지

모더니즘 건축물 서울 힐튼의 탄생 과정

도시와 이미지, 그리고 기억

함혜리

강원도 강릉 바닷가에서 며칠 보낸 뒤 기차를 타고 서울역에 도착했다. 역 앞으로 나와 건너편을 바라본다. 바로 앞에 적갈색의 옛 대우 빌딩이, 그 옆에 경찰서, 그 뒤로 보이는 남산이 있고 그 사이에는 빌딩들이 가득하다. 서울 힐튼도 그 중 하나이다. 익숙한 풍경이 몇 년 뒤엔 완전히 뒤바뀔 것이라고 생각하니 가슴 한 구석이 뭉근하다. 변화는 양과 질로 끊임없이 팽창을 추구하는 도시의 숙명이라고 하지만 그 속에 살아가는 사람들에겐 가혹한 측면이 있다. 발전도 좋고, 변화도 좋지만 도시란 무엇일지, 그리고 어떤 모습이어야 할지 질문해 봐야 하지 않을까.

도시는 '기억의 종합'이다.

도시는 안락한 주거지와 일자리가 있고 편리한 인프라스트럭처가 갖춰진 삶의 터전으로 받아들여진다. 우리 대부분은 도시에 살고 있지만 막상 '도시란 무엇이냐'는 질문을 받게 되면 일단 막막해진다. 도시하면 아파트와 고층 빌딩, 도로, 자동차, 그리고 소음이 우선 떠오른다. 그리고 뭔가 더 있을 것 같지만 막연해 질 뿐 딱 떨어지지 않는다.

케빈 린치(Kevin Lynch)는 '도시란 사람들의 마음에 그려지는 이미지'라고 했다. MIT 교수이자 도시계획가였던 린치는 도시환경디자인 분야의 고전으로 꼽히는 저서 『도시의 이미지(The Image of The City)』에서 어떤 도시에서나 그 도시를 경험하는 사람들의 마음 속에는 공통적으로 느낄 수 있는 공공 이미지(Public image)가 존재한다고 했다. 이런 이미지들은 한 개인이 그의 환경에서 성공적으로 주위 사람들과 어울려 살아가기 위해 매우 필요한 것들이다. 그리고 이 도시 이미지를 구성하는 중요한 요소를 통로(Paths), 가장자리(Edges), 구역(Districts), 교점(Nodes), 랜드마크(Landmarks) 등 다섯 가지로 압축했다. 이 요소들은 관찰자의 환경적 상황에 따라 성격이 바뀌기도 하며, 별개로 흩어져 있는 것이 아니다. 예컨대 구역이 교점에 의해 제한되고, 통로에 의해 관통되며 랜드마크에 의해 강조되는 것이다.

린치는 어느 도시가 사람들에게 각인되는 방식과 그것을 좌우하는 요소들을 알아내 도시 환경 디자인에 적용하기 위해 미국 보스턴, 저지 시티, 로스 앤젤레스의 주민들을 대상으로 5년간 연구를 진행했다.

린치의 『도시의 이미지』에서 키워드는 이미지 능력(Imageability)이다. 이미지 능력은 사람들이 도시에 대해 정신적인 이미지(Mental image)를 갖도록 만드는 능력 혹은 가능성을 말한다. 정체성(Identity, 다른 것과 확실하게 구별되는 특성)과 구조(Structure, 관찰자가 만드는 특정한 패턴), 의미(Meaning, 기억의 총체) 등 세 가지 특징이 도시의 이미지를 좌우하는데 정리하자면 도시가 선명한 정체성과 강력한 구조를 가지고 있을 때 사람들의 마음에 강하게, 혹은 쉽게 이미지를 확립하게 된다. 적절한 색채, 형태, 배치 등을 사용하면 도시에 대한 기억과 이미지는 더욱 확고해진다.

예를 들어 이탈리아의 베네치아를 떠올려보자. 베네치아는 수많은 운하와 물길로 연결된 물 위의 도시다. 자동차 대신

바포레토가 다니고, 관광객들을 위한 곤돌라가 운치를 더한다. 아름다운 광장이 있고, 오래된 건물들은 대부분 짙은 사암색을 하고 있는 것이 머리 속에 금방 그려진다. 상상만으로도 탄식이 나올 정도로 낭만적이다. 베네치아는 이미지 능력이 매우 뛰어난 도시라고 할 수 있다.

도시와 인간의 인지에 대한 린치의 통찰력에 거듭 감탄하게 된다. 린치의 도시이미지는 도시와 기억의 관계를 설명하는데 풍부한 영감을 제공한다.

도시에는 물리적으로 보이는 것과 보이지 않는 무엇이 있고, 이 두 가지가 도시의 이미지를 만든다. 우리가 머릿속에 가지고 있는 도시의 이미지는 경관을 동반한다. 경관이라고 하면 일반적으로 풍경이나 외경, 조망 등 가시적인 의미로 사용하지만 여기엔 눈에 보이는 것뿐만 아니라 보이지 않는 것도 포함한다. 보이는 것은 도시 경관과 자연 경관으로 구분할 수 있겠다. 도시 경관은 가로수, 건물, 공원 등이고 자연 경관은 말 그대로 자연환경과 지형 등을 가리킨다. 반면 비가시적인 경관은 역사, 문화환경, 지역성, 도시 공공시설과 그곳에서 이뤄지는 제반 활동에 의해 구성된 인문 경관이라고도 한다. 우리가 어떤 도시를 바라본다는 것은 가시적인 것과 비가시적인 것 두 가지를 모두 보는 것이다. 그 대상이 사람이라고 해도 마찬가지다. 사람을 바라볼 때 외모만 보는 것이 아니라 그(그녀)가 자라 온 역사와 환경, 더 나아가 심성까지를 은연중에 바라보게 된다. 그냥 보는 것이 아니라 관찰을 해야 내면을 볼 수 있다. 왠지 느낌이 좋은 사람이 있고, 그렇지 않은 사람이 있듯이 우리는 도시를 볼 때도 비슷한 경험을 한다. 관찰을 해 보면 느낌이 안 좋은 도시와 좋은 이미지를 주는 도시가 분명히 구분된다.

도시 경관(cityscape)을 좀더 구체적으로 살펴보자.

도시 경관은 문자 그대로 물질적이고 가시적인 도시(City)와 비물질적이고 비가시적인 경관(Scape)으로 구성된다. 이는 하나의 이미지로 형성되는데 사람의 내면에 이미지가 형성되는 것은 인지적 처리과정과 같다. 도시의 이미지는 우리가 특정 도시를 바라봤을 때 인식의 정보처리 프로세스에 의해 정보로 처리되어 사람들의 기억에 자리잡게 되는데 이때 심리적 반응을 동반하곤 한다.

물리적인 도시를 구성하는 것은 도시에서 눈에 보이는 것들이다. 자연 경관, 공공건물과 주거용 건물들, 상업시설, 주택, 신호등, 도로를 지나가는 차와 사람들이 그것이다. 비물리적인, 보이지 않는 것은 앞서 얘기한 인문 경관 외에 도시를 이루는 사람들, 도시를 스쳐간 사람들의 '기억'을 포함한다. 이 '기억'은 장소성의 중요한 요소가 된다.

장소감이 형성되는 과정은 세 가지로 압축된다. 우선, 도시디자인과 도시계획과 같은 도시 경관 전략에 의해서다. 둘째는 사람들이 장소를 직접 이용함으로써 얻어지는 경험을 통해서다. 마지막으로 소설, 회화, 영화, 그리고 미디어 뉴스 등을 통해서 이뤄진다. 이 모든 것은 기억으로 이어진다. 어떤 사건이, 시간이 통째로 기억되는 것이 아니라 이미지의 시퀀스로 기억된다. 시간의 순서에 관계없이, 사건의 경중에 관계없이 머릿속에 기억하고 있는 이미지들이 불쑥불쑥 튀어나와 환등기에 보이는 것처럼 지나간다.

그래서 도시는 '기억의 총합'이다.

서울의 장소성과 기억

한 도시의 역사는 도시만의 역사가 아니다. 그곳에 살았던 사람들, 그곳을 경험한 사람들, 그리고 단 한 순간이라도 인연을 가지고 기억하는 사람들의 역사이기도 하다.

서울에 대한 기억을 돌아보자. 서울에서 태어나고 자란 사람들, 외지에서 와서 교육받고 자리잡은 사람들, 학업을 위해, 일자리를 위해 잠시 서울에 머무는 사람들이 뒤섞여 매우 이질적인 개인들이 공존한다. 도시의 기억은 사람들의 수만큼이나 다양할 것이다. 그럼에도 사람들이 어느 정도 기억의 공통 분모(케빈 린치가 말했던 '공공 이미지')를 나눌 수 있는 이유는 장소성 때문이다. 서울이라는 도시를 이루는 수없이 많은 물리적인 공간에서 우리는 경험을 공유한다. 각자의 기억은 다르지만 우리는 서울에 대한 공공 이미지를 가지고 있다.

지금은 국가가 아닌 도시의 시대라고 한다. '국가'를 중요하게 여겼던 때가 있지만(그리고 여전히 중요하기도 하다) 세계화가 빠르게 진행되면서 국가간의 경계는 무의미해졌고 모든 것이 도시 단위로 재편됐다. 20세기 후반의 일이다. 세계적으로 도시화가 급격하게 진행된 시기와 일치한다. 세계 각국은 도시 단위로 글로벌 경제 전선에 뛰어들어 치열하게 경쟁하고 있다. 많은 도시들이 퀄리티 높은 정주 여건과 삶의 질, 문화를 앞세우며 미래형 첨단산업 유치와 인재 유치에 열을 올리고 있다. 또 굴뚝없는 산업인 관광이 고부가가치 산업으로 각광받아 각 도시들은 관광객을 끌어모으기 위해 도시를 치장하고 포장하는 마케팅에 적극적이다. 상업에서 발생한 브랜딩, 마케팅이 도시와 자연스럽게 짝을 이뤄 도시-브랜딩, 도시-마케팅, 이것을 합친 도시-브랜드-마케팅까지 이제는 자연스럽게 들린다.

인구 천만 명을 오래 전에 넘어서 메가시티로 향하고 있는 대한민국의 수도 서울은 물리적인 측면에서 보면 매우 풍요롭고 첨단을 달리는 도시이다. 비물리적인 측면에서 보면 600년 역사를 지닌 문화수도, 다이내믹한 대한민국의 수도로서 '활기'차고 '역동'적인 '첨단'도시라고 할 수 있다. 동시에 거부할 수 없는 이미지가 공존한다. 서울은 '척박', '삭막', '번잡', '혼란스러움' 등 현대의 대도시가 지닌 부정적인 이미지를 피하지 못한다.

도시인문학에서는 도시를 외면적 도시(External city)와 내면적 도시(Internal city)로 나눈다. 외면적 도시란 기념비적인 상징물로 구성되는 랜드마크 중심적인 도시다. 고층빌딩, 대형 복합건물, 넓은 도로, 고가도로, 도시철도, 혹은 지하철 등이 도시를 구성하는 주요 인프라이다. 대부분의 현대 도시들은 '첨단'의 기치를 내걸고 이런 모습을 이상형으로 삼는다. 도시 문화적 뿌리가 없는 오직 개발지향적 건물군으로 도시가 메워지는 것이다. 이런 도시는 어디를 가든 비슷해 보이고, 그 지역만이 갖는 고유한 지역성(local identity)은 약화되거나 드러나지 않는다.

이에 비해 내면적 도시는 내면지향적인 기억의 도시를 가리킨다. 도시에 살아가는 사람들을 포용하고 소외되는 곳에 관심을 기울이면서 도시인의 라이프스타일, 다양성, 다문화주의를 추구한다. 도시민 각자의 경험과 가치가 융합적으로 발현되는 도시가 바로 내면적 도시이다. 보다 심미적이고 상징성이 있고 보행자를 중심으로 기능이 발달한 그런 '휴먼 스케일'의 도시다.

서울의 경우 외면적 도시를 완성해 가고 있는 중이다. 동시에 내면적 도시에도 관심을 기울이면 좋을 것이지만 자본의 논리가 가장 힘을 발휘하는 세상인지라 결과는 우리가 목도하는 대로이다. 이런 도시에서는 사람들은 매우 분주하게 움직인다. 서울의 풍경은 매우 분주하다.

그나마 서울에는 산이 있어 우리에게 숨쉴 여유를 준다. 북한산, 인왕산, 도봉산, 그리고 남산이 있어 불쑥불쑥 위로 상승하는 방대한 도시의 중심을 잡고 안정감을 실어준다.

남산과 소월길, 그리고 서울 힐튼

장소는 그곳을 만난 개인의 경험과 기억, 분위기를 포함한다. 이런 연유로 각자에게는 특정 장소와 맺고 있는 관계가 기억 속에서 존재한다. 남산 인근에 살면서 시청 앞 신문로에 있는 신문사를 다녔던 내게는 남산과 소월길이 그렇다. 승용차를 타고 운전해서 출퇴근을 했던 내가 주로 선택한 코스는 소월길이었다. 하얏트 앞에서 소월길을 따라 가며 남산도서관을 지나고, 백범광장을 지나 서울 힐튼을 왼쪽으로 두고 숭례문으로 꺾어지는 유선형의 길을 나는 매우 좋아한다. 수백 번도 더 지났을 이 길은 막히는 경우가 드물고 경치도 좋아서 길을 따라 달리면 왠지 기분이 좋아진다. 차를 갖고 나가지 않을 때는 이 길을 지나는 402번과 405번 시내버스를 이용한다. 밋밋하게 직선으로 뻗은 도로보다 높낮이가 있고 구불구불 돌아가는 길은 지루하지 않아서 좋다.

얼마 전부터 차를 운전해서 지나갈 때나, 버스를 타고 지나갈 때 서울 힐튼을 바라보는 버릇이 생겼다. 이 모습을 볼 수 있는 날이 얼마 남지 않았기 때문이다. 검은색 알미늄 커튼월 외관의 호텔은 흐트러짐 없는 자세로 40여년간 남산의 한 구석을 차지하고 있었다. 2022년 말에 호텔 영업을 마무리하고 나서 간판도 사라지고, 인적도 사라진 서울 힐튼을 볼 때마다 가슴이 짠해 온다.

서울 힐튼이 있는 남산의 사계절을 수도 없이 봐 왔는데 이젠

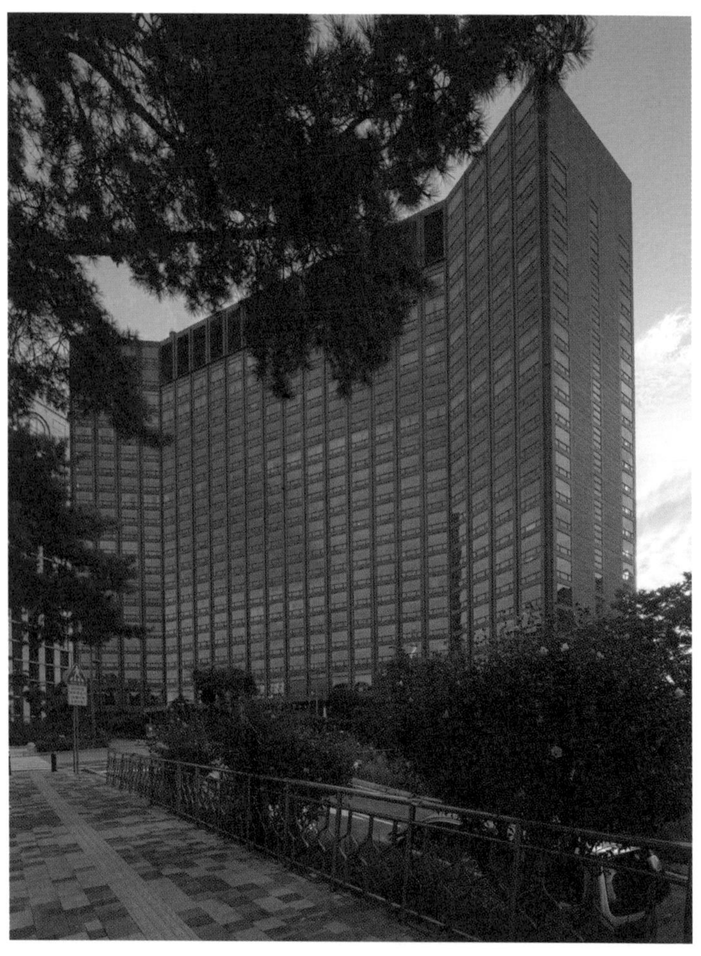

2023년의 서울 힐튼 모습 〔사진 : 이강석〕

그런 풍경도 과거 속으로 사라질 것을 생각하면 더욱 그렇다. 어떤 장소는 그 곳을 만난 개인의 경험과 기억, 당시의 분위기를 포함하고 있기 때문이다. 서울 힐튼과 특별한 인연이 있는 것도 아닌 내가 그런 기분을 느끼는데 이곳에서 특별한 기억을 가진 사람들이 느끼는 감정은 어떨까. 추억의 한 뭉텅이가 뚝 떨어져 나가는 기분이 아닐까. 도시를 이루는 오래된 기억의 장소가 사라진다는 생각은 관계성의 긴밀도 여부를 떠나 참 슬픈 일이다.

　남산 기슭에 40년 가까이 자리 잡고 있던 밀레니엄 힐튼 서울이 역사 속으로 사라진다는 것은 상상하기 어렵다. 다만 상상해 본다. 거장의 마스터피스가 인텔리전트한 빌딩들을 뒤에 거느리고 듬직하게 남산을 지키고 서 있는 모습을 떠올려 본다. 과거와 현재와 미래가 공존하는 역사성이 있는 도시다움이란 그런 것이 아닐까.

넋을 놓고 스러져 가는 추억들을 보고만 있을 수는 없는 일이다. 미래 세대를 위해 무엇이라도 해야 하는 지금의 우리는 기억하기 위해 기록을 해야 한다.

건축가 김종성과 서울 힐튼의 탄생 **함혜리**

전쟁 이후 폐허가 된 땅에서, 힐튼이 탄생하기까지

미국 유학 : 모더니즘 건축 거장 미스 반 데어 로에를 찾아 시카고 IIT로

김종성은 1935년 서울에서 김춘기와 박정식의 3남 1녀 중 둘째로 태어났다. 1942년 입학한 서울수송초등학교를 거쳐 1948년 당시 6년제 중등학교였던 경기중학교에 입학했다. 2년 반을 다녔을 때 한국전쟁이 일어났다. 적십자사 부총재였던 아버지가 북에 납치되고 남은 가족이 대구로 피난을 갔다가 부산에서 피난교로 개교했던 경기고등학교를 마쳤다. 1953년 수복하면서 서울로 올라와 대학 진학을 위해 원서를 넣어야 했던 때 그는 건축과를 선택했다. 건축가로서 그의 소명의식이 싹트는 순간이었다.

> "이 생각 저 생각을 하는데 그때 서울 시내 대부분의 큰 길거리는 전부 불탄 거 아니면 반쯤 부서져 있을 적이었어요. 그래서 건물을 짓는 게 상당히 쓸모가 있는 학문이라고 생각하게 됐습니다" 〔2022년 5월 19일 인터뷰 중〕

1954년 경기고 졸업 후 그는 서울대학교 건축학과에 진학했다. 당시의 서울대는 성동고 자리에서 수업을 하던 시절이었다. 김봉우 교수(도학), 나익영 교수(화학), 이정기 교수, 전봉협 교수(수학) 등 기본 교양과정의 교수진은 다 좋은데 건축은 손에 놓고 읽을 수 있는 게 없었다. 대학에서 볼 수 있는 것이라곤

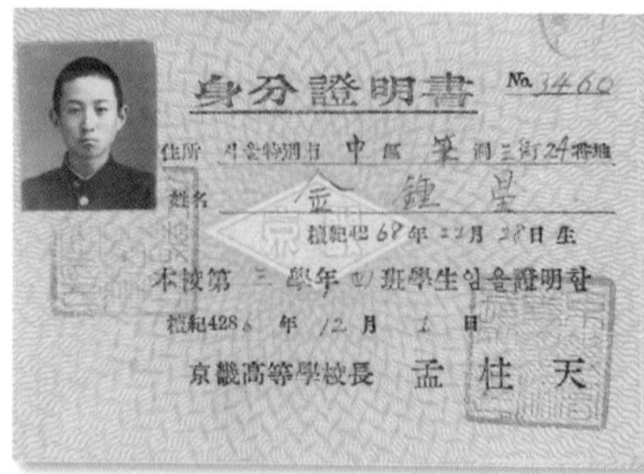

경기고등학교 학생증

〔출처 : 국립현대미술관 미술연구센터 소장,
김종성 기증〕

서울대학교 학생증

〔출처 : 국립현대미술관 미술연구센터 소장,
김종성 기증〕

『아키텍처럴 레코드(Architectural Record)』 석달치 묶은 게 전부였다. 그래서 그는 유학을 결심한다. 영어에 대해 어느 정도 자신이 있었기 때문에 처음부터 미국을 생각했다. 선배로부터 코넬대학을 추천받아서 서류를 다 준비해 놓은 상태에서 친구들과 시내에 갔다가 책방에서 영국 건축가 제임스 모드 리차즈(James Maude Richards)가 쓴 『인트로덕션 투 머던 아키텍처(An Introduction to Modern Architecture)』를 구입한 것이 운명을 바꾼다. 발터 그로피우스는 은퇴해 제자들과 TAC를 설립했고, 윌리엄 워스터는 MIT 학장으로 있다가 버클리 학장이 됐고, 피에트로 벨루스키는 MIT 학장이 됐고, 미스 반 데어 로에가 시카고에서 가르친다는 것을 그 책을 통해 알게 됐다.

"르 코르뷔지에 작품도 있고 실려있었는데 다른 것들은 모두 조소 작품 같은데 미스의 건물은 유달리 구축과 폼메이킹이 와 닿았지요. 즉 석고 반죽이 아니라 부재와 부재를 조립하는 건축개념이 들어 있었습니다. 그래서 IIT(일리노이공과대학, 미국 시카고)를 가고 싶다는 생각을 하게 됐어요" 〔2022년 5월 21일 대담 중〕

1956년 2학기 입학에 맞춰 미국 유학길에 오른다. 1956년 1월 30일 여의도에서 떠나 도쿄를 갔다가 다시 비행기를 타고 하와이 거쳐 LA에 도착했다. 그곳에서 며칠간 묵은 뒤 2월 5일 시카고에 도착했다.

1957년 2월 5일 밤 10시 쯤 22살의 청년 김종성이 탄 비행기가 시카고 미드웨이 공항에 착륙했다. 공항에서 택시를 타고 사우스 아처 애비뉴(South Archer Avenue)를 따라 올라가다가 IIT 캠퍼스의 중심이 되는 스테이트 스트리트(State Street)에서 북쪽으로 틀어서 캠퍼스의 남쪽 끝에 있는 크라운홀(Crown Hall)을 지나갔다. 후기 미스 건축의 대표작으로 꼽히는 크라운홀은 IIT 캠퍼스에서 건축과를 위한 시설로 지어졌다. 약 2개월 전 완성돼 1956년 봄 학기 강의부터 건축과 학생들이 사용할 예정이었다.

"유리로 된 크라운홀에 불이 다 켜져 있는 상태로 개학을 앞두고 마무리 공사를 하고 있었는데 서울에서 본 어느 건물하고도 다른, 건축이라는 내 머리에 있는 모든 개념을 다 깨는 그런 건축이었거든요. 엄청나게 푸른 빛을 띠는 형광등 불빛 속에 빛나는 건물을 보는 순간 섬뜩했던 기억이 지금도 생생해요. 그게 나와 IIT의 첫

1956년 크라운홀 앞에서 김종성 〔출처 : 국립현대미술관 미술연구센터 소장, 김종성 기증〕

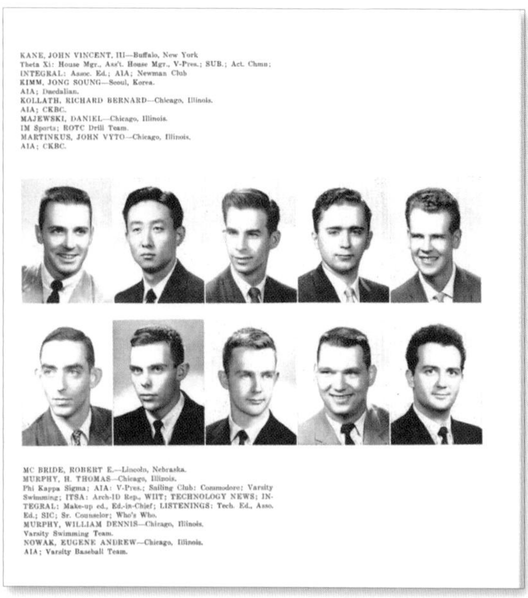

KANE, JOHN VINCENT, III—Buffalo, New York
Theta Xi: House Mgr., Ass't. House Mgr., V-Pres.; SUB.; Act. Chmn;
INTEGRAL: Assoc. Ed.; AIA; Newman Club
KIMM, JONG SOUNG—Seoul, Korea.
AIA; Daedalian.
KOLLATH, RICHARD BERNARD—Chicago, Illinois.
AIA; CKBC.
MAJEWSKI, DANIEL—Chicago, Illinois.
IM Sports; ROTC Drill Team.
MARTINKUS, JOHN VYTO—Chicago, Illinois.
AIA; CKBC.

MC BRIDE, ROBERT E.—Lincoln, Nebraska.
MURPHY, H. THOMAS—Chicago, Illinois.
Phi Kappa Sigma; AIA: V-Pres.; Sailing Club: Commodore; Varsity Swimming; ITSA: Arch-ID Rep., WIIT; TECHNOLOGY NEWS; INTEGRAL: Make-up ed., Ed.-in-Chief; LISTENINGS: Tech. Ed., Asso. Ed.; SIC; Sr. Counselor; Who's Who.
MURPHY, WILLIAM DENNIS—Chicago, Illinois.
Varsity Swimming Team.
NOWAK, EUGENE ANDREW—Chicago, Illinois.
AIA; Varsity Baseball Team.

1961년 IIT 졸업 사진 〔출처 : 국립현대미술관 미술연구센터 소장, 김종성 기증〕

만남이었습니다. 지금도 그때를 생각하면 가슴이 뛰곤 하지요" 〔2022년 5월 21일 대담 중〕

IIT의 수업은 순조로웠다. 서울대학교에 다니는 동안 들었던 도학이 유용했고, 교양으로 들었던 프랑스어 수업에서도 좋은 점수를 받았다. 알프레드 칼드웰(Alfred Caldwell) 교수로부터 건축역사와 아키텍추럴 컨스트럭션(Architectural Construction) 수업을, 자크 칼만 브라운슨(Jacques Calman Brownson) 교수와 루드비히 카를 힐버자이머(Ludwig Karl Hilberseimer) 교수의 플래닝 스튜디오에서 건축설계와 도시계획 트레이닝을 받았다. 하워드 디어스타인(Howard Dearstyne)의 아트앤아키텍처 세미나와 다니엘 브렌너(Daniel Brenner) 교수의 스튜디오에서 설계 수업을, 레지날드 말콤슨(Reginald Malcolmson) 교수의 시티플래닝 수업을 받았다. 1961년 1월 건축 학사(Bachelor of Architecture)를 받은 선생은 61년 봄학기에 대학원에 등록했다 스튜디어의 주 교수는 제임스 스파이어(James Speyer)였다.

대학원 진학 후 4월 어느 날 미스 사무실의 조지프 후지카와(Joseph Fujikawa)는 전화를 해 일할 자리가 생겼다고 했다. 그후 스파이어 교수 스튜디오가 있는 날은 IIT에서 스튜디오를 하고, 다른 날은 사무실을 나가며 학업과 실무를 병행했다. 김종성은 스파이어 교수의 자리를 이어받은 마이런 골드스미스 교수 지도로 석사학위를 마쳤다. IIT 석사 졸업작품으로 전시홀을 제출했다.

미스 사무실 근무 시절

> "1961년 4월부터 미스 교수가 돌아가신 1969년 8월까지 8년을 모셨죠. 함께 시카고 시내에 지어진 페더럴 센터(Federal Center), 토론토의 토론토 도미니언 센터(Toronto-Dominion Centre) 프로젝트를 진행했고, 실제로 지어지진 않았지만 크루프 강철(Krupp AG) 본사 사옥도 준비했었지요. 제가 신입 시절엔 미스의 오른팔이었던 조 후지카와와 진 섬머스가 제안을 하고 당신께서 의사결정을 하는 시스템이었는데, 미스는 데드라인이 닥쳐야 어렵사리 결정을 내리는 스타일이었어요. 상당히 오래 머릿속에서 생각하는 시간을 갖는 스타일이었지요" 〔2022년 5월 21일 대담 중〕

그가 미스 사무실에 있을 때 제일 중요하게 공을 쏟은 것은 토론토 도미니언 뱅크(Toronto Dominian Bank)와 아카데미데어퀸스트(Akademie der Künste) 미스 회고전, 휴스턴의 뮤지엄오브 파인아츠(Museum of Fine Arts) 신관 전시 계획이었다. 토론토 도미니언 뱅크의 경우 본점 영업장과 54층 임원실 레이아웃을 했다. 시카고 시 교육부에서 발주한 공공 프로젝트 로베르토 클레멘테 하이스쿨(Roberto Clemente Community Academy High School)은 팀원으로 작업했다.

다니엘 브렌너 교수가 대학원으로 옮겨가면서 IIT 학부 4학년의 '스페이스 프로블레마틱' 수업을 선생이 가르치게 된 게 전시기획을 맡아 하게 된 이유였다. 전시 기획을 하면서 미스의 작품들을 좀더 상세하게 들여다 볼 수 있었다. 미스가 설계한 베를린 노이에 내셔널갤러리(Neue Nationalgalerie) 개관전으로

IIT 재학 시절 모습〔출처 : 국립현대미술관 미술연구센터 소장, 김종성 기증〕

미스 반 데어 로에 사무실에서 일하고 있는 모습

〔출처 : 국립현대미술관 미술연구센터 소장, 김종성 기증〕

미스의 회고전이 열렸다. 기획자로 참여하게 되면서 갖게 된 유럽 여행기회를 살려 3년 위 선배인 아서 다케우치와 폭스바겐 비틀을 타고 스위스와 프랑스를 여행하며 르 코르뷔지에의 롱샹성당과 라투레트 수도원을 방문했다. 그리고 파리에 가서 노트르담, 샤르트르, 생트샤펠 성당 등 학부에서 매혹됐던 고딕성당을 둘러봤다. 독일 나치정권을 피해 유럽에서 미국으로 건너 온 미스 반 데어 로에와 힐버자이머 교수가 늘 얘기하던 건축물들이었다. 스위스의 아인지델른(Einsiedeln)에 가서 바로크스타일의 중요한 건축물들을 보았고, 오스트리아 비엔나에선 요한 베른하르트 폰 에를라크(Johan Bernhard Fischer von Erlach)의 칼스키르게(Karleskirche) 같은 독특한 건축물도 구경했다.

> "그 여행 참 좋았죠. 문헌을 통해 다 알고 있었던 것들을 직접 눈으로 보면서 많은 충격도 받았고 시야가 확장되는 느낌을 받았습니다. 건축하는 사람으로서 상당히 흥미롭고 눈이 탁 트이는 그런 경험이었습니다" 〔2022년 5월 21일 대담 중〕

IIT에서 석사를 하고, 미스의 사무실에서 일을 하는 동안에도 한국과의 교류를 지속했다. 1962년 '대한민국 미술전람회' 건축부문에 출품해 국가재건최고회의 의장상을 받았고 1963년 부산역사 현상설계에 출품도 했다.

1964년 석사학위를 취득하고 1966년부터 IIT교수로 임용돼 4학년 '아키텍처 1' 수업을 맡아 하기 시작했다. 1971년 일본계인 IIT 동료교수 산 우츠노미야와 퐁피두센터(Pompidou Center) 현상설계에 작품을 내기도 했다. 이듬해인 1972년에는 부학장에 올랐다.

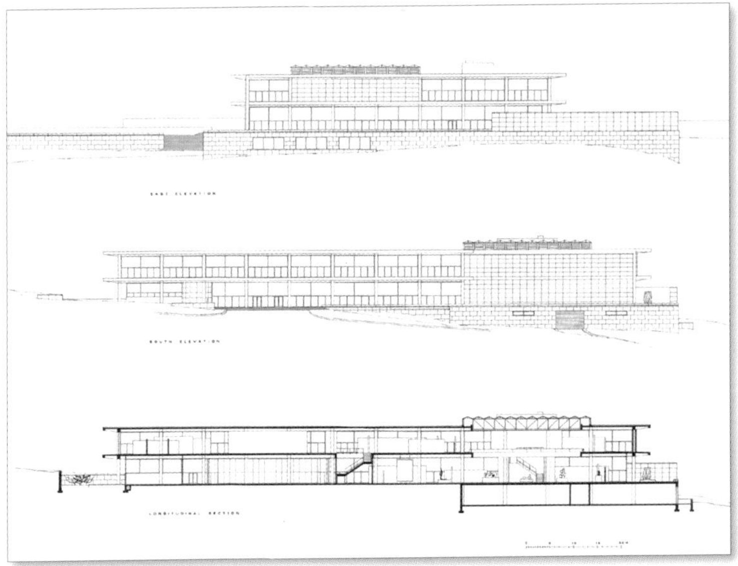

국전 출품작 입면도와 단면도 〔출처 : 국립현대미술관 미술연구센터 소장, 김종성 기증〕

1956년 유학을 떠난 이후 처음 귀국한 것은 1973년의 일이다. 17년 동안 학생, 미스 사무실 직원, 교수로 있으면서 그 사이 결혼해서 자녀 셋을 두었다. 아이들이 더 늦기전에 한국을 알게 하려고 휴가차 왔다가 효성의 소공동 호텔(1973) 건물 설계를 맡게 됐다. 김종성 건축가와 경기고 동문인 효성 조석래 창업주는 와세다대학에서 공업화학 학사를 한 뒤 친구가 있는 시카고 IIT에서 석사학위를 했다. 1968년 귀국해 동양나일론에서 일을 시작했다. 집안 소유의 땅에 오피스빌딩을 지으려다 당시 한국사회에서 전망이 밝은 분야로 지목된 호텔을 짓기로 하면서 김종성 건축가에게 작업을 의뢰하게 된다. 1974년 풀브라이트재단의 지원을 받아 일 년 동안 한국에서 강의도 했다. 홍익대학교, 중앙대학교, 명지대학교에서 가르치며 IIT의 설계 기법을 전수했다. 일 년 동안 있으면서 IIT 학생작품전을 국제 순회전으로 열기도 했다. 1975년 3월 서울에서 시작해 도쿄, 테헤란 등을 거쳐 시카고로 돌아가는 전시였다.

1년의 풀브라이트 교수직을 마치고 시카고로 돌아가서도 효성 빌딩(1977), 동성 빌딩(1978)을 맡아 설계했다. 김종성 건축가는 1978년 IIT의 학장서리에 올랐다. 하지만 얼마 지나지 않아 대우그룹 김우중 회장과의 만남은 그의 인생행로를 크게 바꿔놓았다.

효성 빌딩 외부 모습 〔출처 : 국립현대미술관 미술연구센터 소장, 김종성 기증〕

동성 빌딩 외부 모습 〔출처 : 국립현대미술관 미술연구센터 소장, 김종성 기증〕

모더니즘 건축물 서울 힐튼의 탄생

김종성

1974년 6월부터 1975년 8월까지 풀브라이트 재단의 지원으로 1년 동안 한국에서 교환교수로 지내면서 경기고등학교 후배인 대우그룹의 홍성부 이사와 자주 만났다. 홍 이사는 김우중 회장과 고등학교 동기 사이다. 대우그룹이 급성장하던 때였는데 제3공화국 정부는 1974년 당시 골조공사만 마치고 마감이 안된 채 방치된 교통공사 건물을 김우중 회장에게 인수하게 했다. 건물을 마무리해서 사옥건물로 사용하되 그 뒤에 붙어있는 경사진 땅에 특급 관광호텔을 짓도록 단서를 달았다.

대우실업 건설팀에서 교통공사 건물의 골근에 외벽을 설치하고 완공해 나가는 과정에서 홍 이사는 나에게 외벽 색깔을 무엇으로 할지, 어떤 재질로 할지 등을 상의해 왔다. 목업 타일을 여러 가지 색으로 만들어 시뮬레이션을 해가며 성의껏 조언을 했다. 처음에는 이탈리아에서 만들어진 유리 타일을 외벽에 설치해 대우그룹 본사 건물인 대우 빌딩(현 서울스퀘어)을 완공했다(매연에 약한 유리타일은 심하게 부식이 되어 10년이 지나서 지금의 앰버 칼라로 바꾸었다).

그리고 당시 정권에서 부여받은 특급 호텔 건설 계획을 실행하기 위해 남산 기슭의 부지를 조금씩 사들여 호텔을 지을 땅을 확보해 놓고 있었다. 또한 관광호텔을 짓기 위해 사우디아라비아의 무기상인 아드난 카쇼기와 트라이아드 코퍼레이션이라는 합작법인을 만들고 하얏트 그룹에 위탁경영을 할 예정이었다. 하지만 카쇼기가 무기거래로 엄청난 부를 축적한 점이 아무래도 관광호텔 영업에 부정적인 이미지를 줄 것 같아 계약을 해지하고 1976년 일본 종합상사 도요멘카(동양면화)와 대우계열의 동우개발이 49%대 51% 지분으로 합작법인을 만들었다. 하얏트와도 계약을 해지한 뒤 힐튼 인터내셔널에 위탁경영을 하기로 하고 건축가 물색에 들어갔다.

김우중 회장은 외국에서 공부한 능력있는 건축가를 찾아보면 좋겠다고 지시를 내렸고, 경기고 후배인 홍 이사가 시카고에 있는 나를 추천한 모양이었다. 대우 시카고 지사장이 어느 날 나에게 연락을 해 왔다. 1977년 가을이었는데 대우 시카고 지사가 있던 시어스 빌딩에서 김우중 회장과 만났다. 김우중 회장은 내게 "힐튼을 맡아서 할 수 있겠느냐"고 단도직입적으로 물었다. 이런 저런 얘기를 하던 중 김우중 회장은 내가 고등학교 2년 선배였고, 같이 브라스밴드를 했다는 사실을 알아내고는 '선배님' 하고 몇 번 부르다가 이내 '형님'이라고 호칭을 바꿔 불렀다. '세계경영'의 스케일을 가진 김우중 회장의 친화력은 대단해서 '형'이라 부르면서 힐튼 프로젝트를 맡아 달라고 했다. 나는 "생각해 보겠다"는 답을 남기고 그 자리를 떠났지만 딱히 거절할 이유가 떠오르지 않았고 그 일을 맡아야 할 것 같았다.

그리고 몇 주일 뒤 대우에서는 과장 한 명과 대리 한 명을 시카고로 발령을 냈다. 당시에 나는 시카고 교외 에반스튼 지역에 살고 있었는데 집 지하에 제도판 8개를 펴 놓고 그들과 함께 바로 서울 힐튼 구상을 시작했다. 그때 손으로 그려가며 만든 것이 힐튼 투영도(엑소노매트릭)이다. 남대문교회가 있고 그 위의 경사를 살려 퇴계로 쪽에 진입로와 아트리움을 만들고 남산을 껴안는 모양의 타워를 길쭉하게 그려넣은 것이다.

서울 힐튼 프로젝트를 진행하게 되면서 1978년 8월 말 장기 체류 계획을 갖고 서울에 왔다. 학교에는 2년간 휴직계를 내고

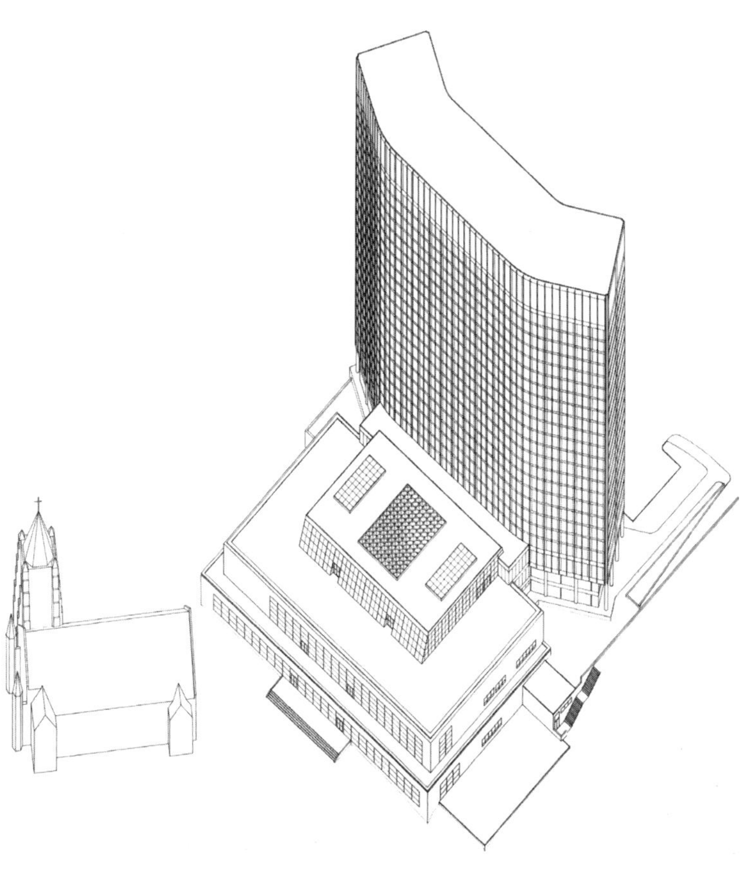

서울 힐튼의 투영도(엑소노메트릭)

〔출처 : 국립현대미술관 미술연구센터 소장, 김종성 기증〕

서울 힐튼을 마무리하고 오겠다고 학교측의 승인을 받았다. 그리고 1978년 9월 1일자로 발령을 받아 대우에서 일을 시작했다.

동우건축은 서울건축의 전신이 되는 셈이다. 처음의 조건은 동우건축 사장으로 와서 기존에 만들어 놓은 동우건축 조직을 데리고 일을 하는 것이었다. 건설과 건축설계가 섞여있어서 설계 조직을 떼어 내고 이름을 서울건축컨설턴트라고 했다. 이름을 지으려고 당시 외국의 대형 설계조직들, 토목부터 다양한 건설을 하는 국제적 기업들의 이름을 보니 경우에 따라 나라 이름이나 도시 이름을 상호로 걸고 있었다. 대우건설이 해외 수주에 적극적인 때라서 대한민국의 수도인 서울을 내걸면 해외에서 유리할 것으로 보였다. 그런데 제3공화국 시절에는 '컨설턴트'라는 외래어를 쓸 수 없었고, 건축법상 건축사사무소는 반드시 넣어야 했다. 그래서 (주)서울건축 종합건축사사무소라는 길고 조금 '이상한' 이름을 갖게 됐다. 영어편지지에는 SAC International L.t.d Architects Engineers라고 썼다.

남산 자락의 경사진 부지에 5성급 호텔을 짓고, 힐튼 인터내셔널에 위탁운영한다는 대략적인 윤곽만 나와 있는 상태에서 일본 도요멘카가 합작파트너로 들어오면서 프로젝트가 모습을 갖추기 시작했다.

힐튼의 객실수는 처음에 시작을 640 유닛(표준 방 640개)으로 시작했다. 그 정도 규모가 되어야 수지타산이 맞는다는 계산에서였다. 가운데가 5베이이고, 양쪽 옆에 각각 2베이씩 네 베이가 붙어서 23층을 짓는 것으로 설계했다. 전체 공간의 63%는 게스트룸이고, 37%는 식당 등 부대시설과 퍼블릭스페이스로 구성했다. 힐튼 인터내셔널에 거의 매주 한 번씩 도면을 보내면 분야별로 체크하고 수정해가면서 설계를 했다. 스트랜드 사장 아래에 찰스 벨 부사장이 건축가, 기술전문가

등과 팀을 이뤄 서울 힐튼 프로젝트를 철저하게 감수했다. 찰스 벨 부사장은 식음료부문 전문가에서 출발한 경영인으로 철두철미한 전문 호텔리어여서 친해지기 어려웠지만 나중에는 친구처럼 지내게 됐다.

순조롭게 진행되던 프로젝트는 1979년 석유파동으로 에너지 절감을 위해 19층으로 내려 다시 설계를 해야 했다. 대신 유닛을 유지하기 위해 옆으로 2베이를 늘리게 됐다. 그렇게 지어질 것으로 예상하고 있었는데 정부에서 1년간 새로 짓는 건물의 건축허가를 내주지 않는 상황이 되면서 프로젝트는 아예 멈춰서게 됐다. 공사가 재개되더라도 휴직기간이 다 지난 상태에서 일이 진행될 것 같았다. 이도 저도 아닌 상태에서 프로젝트를 진행하는 것이 양쪽에 다 무책임한 처사일 것 같아 아예 대학 교수직을 사직하고 프로젝트를 완수하기로 했다.

남산을 껴안는 디자인, 서울 힐튼의 탄생

석유파동으로 멈췄다가 2년 쯤 뒤인 1981년 신규사업허가도 나오고 높이 제한이 완화되면서 19층으로 내렸던 건물 높이는 다시 23층으로 높일 수 있게 됐다. 넓이를 그대로 두면 총 720 유닛이 되는데 김우중 회장과 투자자에게 "원래 규모보다 늘어나는데 괜찮겠는가" 물었더니 좋다고 해서 그렇게 하기로 했다. 결과적으로 원래의 높이대로 23층이지만 양 옆으로 1베이씩 늘어나면서 처음 구상했던 비례는 사라지고 낮고 뚱뚱해졌지만 방 6개짜리 스위트룸, 방 12개를 묶어 복층 구조 객실 6개를 만들면서 객실 수(열쇠 숫자)는 총 610개의 호텔 디자인이 완성됐다. 당시 정부 지침에 따라 쿨링타워 최상층에 고사포를 배치하고 고사포

부대 군인들 숙소까지 넣었다.

원래 부지의 조건이면 입구가 퇴계로 쪽에서 좁은 골목으로 구불구불 올라오는 길이 진입로 였다. 현재 주차장 들어가는 길인데 지금은 10m로 넓어졌지만 처음엔 더 좁았다. 주변에 한옥이 그대로 있고 지금 SK텔레콤 남산사옥(녹색빌딩) 자리는 중구의 쓰레기 적치장이 있었다. 힐튼 프로젝트를 시작하면서 제일 먼저 남산순환도로에 면한 집들을 추가로 매입하도록 동우개발 측에 건의했다. 부지를 좀더 넓게 확보해서 입구를 남산 소월로 쪽에 두고 디자인의 축을 지키면서 양쪽을 120도 정도 꺾는 것을 생각했다. 지금 생각해 보니 남산을 껴안는 듯한 디자인에 무척 집착했던 것 같다.

표준 객실 620개의 특급 호텔을 남산에 지으려고 보니 고도 제한 때문에 옆으로 길게 늘릴 수밖에 없었다. 그냥 한 일(一) 자로 하려니 너무 심심해서 양쪽을 120도로 꺾었다. 객실이 서로 보이지 않을 정도로 꺾어서 마치 남산과 마주 보며 대화하는 모양을 만들었더니 모두들 좋아했다. 그 구도가 서울 힐튼의 트레이드 마크가 됐다.

서울 힐튼의 설계 프로그램을 진전시켜 나가면서 직면했던 가장 큰 과제는 퇴계로 쪽의 진입로와 남산 쪽 진입공간의 높이 차이 18m를 어떻게 극복하고, 인상적인 공간으로 만드는 것인가였다. 퇴계로부터 메인 로비 층이 있는 부지의 높이 차이를 극복하는 동시에 어떻게 활용할 것인가가 디자인에 주어진 숙제였다. 남산 쪽에 메인 로비를 두고 지하 1층까지 계단으로 이어지는 거대한 아트리움을 만드는 것으로 경사 문제를 해결했다. 타원형 천창으로 자연광을 들이고 브론즈 기둥으로 3개층을 연결하며 갈라지는 계단의 가운데에는 계단식 실내 분수를 설치한 디자인이 완성됐다.

메인 로비로 들어와 낙차를 이용해 서쪽으로 파고 내려가면서 거대하고 우아한 공간을 만나도록 디자인했다. 호텔에 들어왔을 때 모든 사람이 우아하고 세련된 공간에서 환대를 받는 느낌을 주고 싶었다. 아름다우면서도 기능적으로도 완벽한 최고의 공간을 사람들에게 선사하고 싶었다. 그렇게 만들어진 서울 힐튼의 아트리움은 세상에서 유일한 공간이라는 자부심을 갖고 있다.

서울 힐튼 프로젝트를 진행하던 중 일본 경제신문 기자가 인터뷰를 요청해 왔다. 서울 힐튼 디자인의 요체가 무엇이냐는 기자의 질문에 나는 "양쪽이 남산을 껴안 듯이 꺾인 디자인과 알루미늄 커튼월, 그리고 18m 높이 차이를 이용한 로비와 아트리움 공간이다. 특히 나는 가슴이 솟아오르는 듯한 아트리움 공간(Heart Soaring Atrium Space)을 원한다"고 대답했다.

지하 1층부터 지상 2층까지 높이 18m, 이 낙차를 적극적으로 이용해 메인 로비 정면 입구에서 서쪽 끝까지 64m로 시원하게 뚫린 아트리움을 만들기 위해 네트워크와 정보를 총동원했고 구할 수 있는 최고의 자재를 구해다 썼다.

나는 세월이 지나도 늘 한결같은 재료를 선호한다. 꼭 써야 한다고 고집했던 중요한 재료 중 대표적인 외장재가 로만 트래버틴(Travertine)이다. 약간 베이지빛에 가까운 색깔에 곰보처럼 구멍이 난 자국이 있는 로만 트래버틴은 로마 건축물 재료의 90% 이상을 차지하는 대리석이다. 중성적인 색깔이어서 다른 재료와 조화가 쉬운 로만 트래버틴을 바닥재로 사용했다. 트래버틴은 스승인 미스 반 데어 로에의 대표작 뉴욕 시그램 빌딩(1958)에 대리석을 납품한 책임자였던 브루노 콘테라토를 통해 이탈리아 카라라의 납품회사 부팔리니에서 구했다.

두 번째 재료는 코어의 벽을 감싼 녹색 대리석이다. 알프스에서 채석한 녹색 대리석 베르데 아첼리오(Verde Acceglio)를

바닥의 트래버틴 대리석(2023)
〔사진 : 이강석〕

벽의 오크 패널(2022)
〔출처 : 임준영/청암아카이브〕

구조재에 쓰인 브론즈(2023)
〔사진 : 이강석〕

벽면의 녹색 대리석(2022)
〔출처 : 임준영/청암아카이브〕

이탈리아에서 구했고 녹색 대리석 속의 흰색 선까지 줄을 맞춰가며 작업에 공을 들여 시공했다.

세 번째 중요한 재료는 벽면을 구성하는 오크 패널링(Oak Paneling)이다. 목재 벽면은 미국 켄터키 참나무를 1.5mm 두께로 돌려 깎은 것을 구해서 사용했다. 벽면에 사용한 나무의 두께가 있기 때문에 약간의 흠집이 나더라도 샌딩으로 감쪽같이 수리해서 오래도록 사용할 수 있는 이점이 있다.

그리고 마지막으로 우아함과 견고함에 공간감과 장중함을 더해 주는 기둥은 브론즈로 마감했다. 풍산금속에서 대포알을 만드는데 사용하는 황동판을 장인의 도움으로 특수 화학처리해 시간성이 자연스럽게 우러나는 효과를 냈다.

로비에서 지하층으로 내려가는 계단 아래 설치된 대리석 분수는 직접 디자인을 했다. 직경 5m의 로소 레반토 대리석 원반에서 물이 네 갈래로 떨어져 다시 직경 1.5m의 작은 원반 네 개로 물이 흘러내리게 하면서 탁 트인 공간에 청각적 풍요로움을 더한다. 내가 서울 힐튼에서 반드시 보존하고 싶은 것은 이 네 가지 재료로 구성된 로비 공간이다. 벽의 오크 패널, 바닥의 트래버틴 대리석, 구조재에 쓰인 짙은 브론즈, 그리고 벽면의 녹색 대리석, 이제는 구할래야 구할 수도 없는 소중한 재료들이다. 당시로서, 지금도 구하기 어려운 재료를 가져다 지을 수 있었던 것은 일본 종합상사 도요멘카와의 합작법인이었기에 가능했던 일이다.

지하 1층부터 지상 2층까지 높이 18m, 메인 로비 정면 입구에서 서쪽 끝까지 64m로 시원하게 뚫린 우아하고 세련된 아트리움은 그렇게 만들어졌다. 서울 힐튼은 남산 소월길 자락에 동쪽을 향해 앉아 있다. 동쪽 입구를 통해 메인 로비로 들어오면 서쪽 끝까지 확 트인 공간이 펼쳐진다. 확 트인 공간은 밝고 안정적이며 더없이 우아하다. 2층의 유리 파빌리온부터 지하

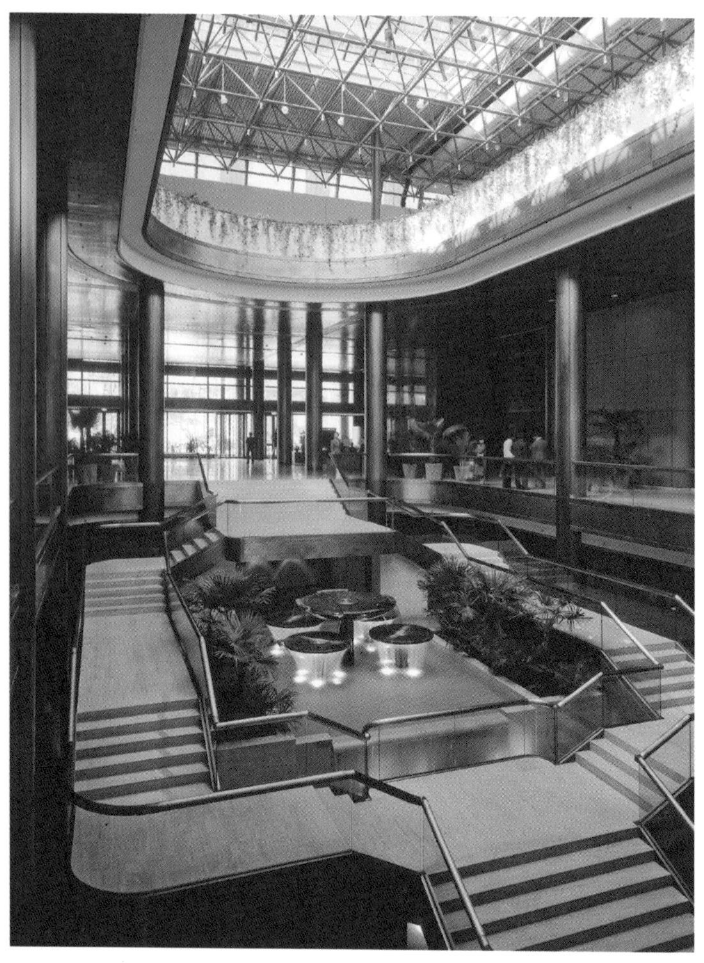

1983년 완공 시 내부 모습 〔출처 : 임정의/청암아카이브〕

2023년 영업 종료 직전의 내부 모습 〔출처 : 임준영/청암아카이브〕

1층까지 모두 자연광이 부드럽게 감싸고 분수에서 떨어지는 물소리가 청량감을 안겨준다.

언제 봐도 정돈된 것 같은 서울 힐튼의 반듯한 분위기를 만드는 데는 입면 알루미늄 커튼월의 색깔이 중요한 역할을 한다. 서울 힐튼은 서울에서 본격적으로 알루미늄 커튼월 방식을 도입한 첫 고층건물이다. 입면 재료를 여러 가지 방안으로 생각하다 당시 서울 시내의 대기오염을 감안해 결정했다. 처음에는 은빛깔 알루미늄을 생각했는데, 자동차 배기가스에서 나오는 끈적한 기름과 흙먼지가 쌓이면 금세 더러워질 것 같아서 내추럴 실버는 아니라는 결론이 났다. 자유롭게 색상을 정할 수 있었고 조금 시간이 지난 것 같은 분위기, 그러니까 조각 브론즈(Stauary Bronze)의 분위기가 나는 그런 색깔을 선택했다.

당시에 알루미늄 커튼월은 아직 국내에선 시공된 적이 없었으니 제조·생산하는 회사도 없었다. 조립조인트에 해당하는 멀리언(Mullion)을 설계한 뒤 미스 반 데어 로에의 개성과 진가를 알린 시그램 빌딩의 브론즈 커튼월을 한 플라워시티(Flour City)와 접촉해 샘플을 만들고 이를 효성알루미늄에서 대량생산하도록 했다. 플라워시티에서는 효성알루미늄에서 압출하는 과정을 검수하고, 건물에 설치하는 과정도 와서 지도해 주었다.

계단의 핸드레일 디자인도 고심 끝에 두꺼운 철재를 사용했다. 미스의 레일링은 1인치 각(25.4mm)인데 예리하고 우아하게 각이 맞는 것이 IIT캠퍼스 건물이나 시카고아츠클럽에서는 잘 어울리는데 호텔 인테리어로는 좀 부족한 느낌이 들어서 조금 두껍게 했다.

각층의 객실구성은 바닥부터 천장까지 전부 유리로 되어있고 아랫부분이 개폐되도록 디자인했다. 자연환기, 서울의 계절을 감안했을 때 봄 가을에 냉방을 하지 않고 그냥 창문만 열어도

알루미늄 커튼월 〔출처 : 임준영/청암아카이브〕

쾌적하도록 제안한 것이었는데 다들 좋아해서 그렇게 했다. 객실 창문을 밖으로 열게 될 경우 멀리서 봤을 때 건물이 상처난 것처럼 보인다는 생각이 강해서 이를 피하기 위해 창문은 안으로 열되, 만일의 불상사에 대비해 10cm만 열리도록 했다.

인테리어 디자이너를 누구에게 맡기면 좋을지는 힐튼 인터내셔널과 의논하면서 나도 동시에 수소문을 했다. 힐튼 쪽에서 몇몇을 제안했고, 나도 내부 인테리어 디자인은 그레이엄 솔라노(Graham Solano)를 디자이너로 선발했다. 그레이엄 솔라노는 존 그레이엄(John Grahm)과 프랭크 솔라노(Frank Solano)라는 두 파트너가 합자한 디자인회사다. 존 그레이엄은 캐나다 토론토의 이튼백화점 인테리어부 소속으로 미스 사무실에서 토론토 도미니언 뱅크(1968) 프로젝트를 하면서 알던 디자이너인데 건축적 감각이 잘 맞아서 함께 일하기로 했다.

힐튼 인터내셔널 측에서 소개한 건축가 에드워드 킬링스워스(Brady Edward Killingsworth)는 그랜드볼룸 부분의 설계에 참여했다. 카할라 힐튼을 설계하는 등 대형 호텔 설계 경험이 많아서 볼룸의 로비를 메인 로비와 직각으로 꺾도록 제안하는 등 실질적으로 큰 도움이 됐다.

서울 힐튼은 서울건축에서 한 작업 중에서 시공이 제일 잘된 건물이다. 대우가 건물주인이면서 개발자였고 시공자였다. 시공이나 예산에 대한 압력과 갈등이 있을 것이 없었고 원하는 것은 무엇이든 구해서 쓸 수 있는 여건이 됐으니 시공 수준도 좋았고 m²당 비용은 다른 오피스 빌딩의 1.5배 정도, 마감도 다른 건물에 비해 한 단계 높았다.

서울건축에서의 28년 작업 동안 육군사관학교 도서관(1982), 청주대학교 중앙도서관(1986), 제주도 우당도서관(1984), 대우증권 빌딩(1984), 대우문화재단 빌딩(1984), 동양투자금융

빌딩(1987), 서울올림픽 역도경기장(1986), 서울대학교 박물관 (1984) 부산 파라다이스비치 호텔 (1988), 양정중·고등학교(1988), 이수화학 사옥(1989), 목동도서관(1990), 경주 선재미술관(1991), 스위스그랜드 호텔, 서울역사박물관(1998), SK 사옥(1999) 등 많은 건물을 설계했다. 그 중에서도 가장 완성도 높은 것은 역시 서울 힐튼이다.

육군사관학교 도서관 〔출처 : 임정의/청암아카이브〕

대우증권 빌딩과 대우문화재단 빌딩
〔출처 : 국립현대미술관 미술연구센터 소장, 김종성 기증〕

서울올림픽 역도경기장
〔출처 : 국립현대미술관 미술연구센터 소장, 김종성 기증〕

부산 파라다이스비치 호텔
〔출처 : 국립현대미술관 미술연구센터 소장, 김종성 기증〕

경주 선재미술관 〔출처 : 국립현대미술관 미술연구센터 소장, 김종성 기증〕

서울역사박물관 〔출처 : 국립현대미술관 미술연구센터 소장, 김종성 기증〕

SK 사옥 〔출처 : 국립현대미술관 미술연구센터 소장, 김종성 기증〕

힐튼의 시간

김종성 건축이 한국 현대 건축에 끼친 영향

정인하

프랑스 파리 제1대학에서 프랑스 현대 건축을 주제로 박사학위를 취득했다. 귀국 이후 한국 근현대 건축에 관한 연구를 집중적으로 수행했다. 주요 저서로는 『김수근 건축론』, 『김중업 건축론』, 『현대건축과 비표상』 등이 있다. 현재 한양대학교 건축학부의 건축역사 및 이론 담당 교수이다.

김종성 건축이 한국 현대건축에 끼친 영향

정인하

김종성은 1978년 귀국하여 작품활동을 시작한 이래 일관되게 자신의 건축세계를 유지하고 있는 드문 건축가이다. 그가 오랜 시간동안 작품활동을 하며 천착한 주제가 바로 테크놀로지와 구축적 공간의 탐구이다. 이 두 가지는 김종성 건축을 특징 짓는 핵심적인 키워드이다. 그런 점에서 그의 건축은 한국의 지역성을 중심으로 작업해 온 다른 한국 건축가들과는 다른 성격을 지니며, 한국 현대건축을 새로운 차원으로 끌어올리고 있다. 특히 1980년대 이후 한국 건축계에서 테크놀로지의 문제가 전면적으로 부각되면서, 그가 설계한 육군사관학교 도서관, 서울 힐튼, 서울올림픽 역도경기장, 경주 선재미술관, SK 사옥 등은 개발 시대를 대변하는 성과물로 평가받고 있다. 따라서 테크놀로지가 가지는 구축적 논리에 입각하여 건축개념을 확립한 다음 이를 바탕으로 점차적으로 풍부한 공간적 상상력을 탐구해 나간 그의 건축작업에 대한 정확한 평가는 지역성을 지나치게 강조하면서 다소 왜곡되어 온 한국 현대건축의 흐름을 바로잡고, 이를 통해 한국 현대건축에 대한 정확한 전망을 가능케 한다는 점에서 커다란 의미를 가진다. 또한 그의 건축은, 건축이 단순한 기예나 주관적인 직관의 산물이 아닌 논리적인 훈련 체계(Discipline)로부터 도출될 수 있다는 점을 보여 주고 있어서 주목할 만하다. 그는 미스의 신념을 이어받아 건축은 견실한 구축적 논리를 완전히 마스터 한 다음, 그로부터 한 단계 더 도약할 때 비로소 예술로서 승화될 수 있다고 믿었다. 그리고 구축적 논리를 통달하는 과정은 엄격한 건축 교육을 통해 이루어져야 하며, 그것은 매우 객관적이고 보편적인 이해될 수 있는 부분이라고 믿었다. 따라서 김종성 건축은 오늘날 건축을 새롭게 배우는 학생들에게 중요한 전범이 될 수 있다고 생각한다.

미스 반 데어 로에와의 만남

김종성은 1935년 서울시 종로구 관훈동에서 태어나 비교적 유복한 유년 시절을 보냈다. 그렇지만 1950년 6.25 전쟁이 발발하면서, 당시 적십자사 사무총장을 지냈던 아버지는 북한군에 납치되고 만다. 이후 그의 가족은 대구와 부산 등지로 피난을 떠났고, 김종성도 어려운 여건에서 학업을 이어나갔다. 1954년 김종성은 경기고등학교를 졸업하고 서울대학교 건축학과에 입학하였으나, 더 이상 한국에서 학업을 계속하지 않고 미국 유학을 가겠다는 결심을 굳히게 된다. 그가 가고 싶었던 학교는 미국 일리노이 공과대학(IIT)과 코넬대학 두 군데였다. 만약 그가 코넬대학에 입학했다면 그의 건축인생은 많이 달라졌을 것이다. 그러나 김종성에게 IIT 입학이 허용되었고, 그는 주저 없이 이것을 받아들였다. 그가 특별히 이 학교에 끌렸던 것은 J.M. 리차즈(J. M. Richards)가 지은 『건축 입문(An Introduction to Modern Architecture)』을 읽고 나서였다. 여기서 그는 미스에 대한 구절과 미스가 완성한 IIT 건물 사진을 보고 IIT로 가려는 마음을 굳히게 된다.

김종성은 1956년 시카고의 IIT에서 유학와서 미스 반 데어 로에(이하 미스)와 처음으로 조우했다. 그와의 만남은 건축가로서 그의 삶을 완전히 바꿔 놓았다. 미스에 이끌려 김종성은 1964년까지 이 학교에서 학사와 석사 과정을 마쳤으며, 1961년부터 미스 사무실에 취직해 1972년까지 머물며 학업과 일을 병행했다. 또한 1966년부터 1978년까지 12년간 이 학교에서 학생들을 가르치며 미스의 건축 이념을 확신시키는데 일조했다. 그런 점에서 김종성의 건축 세계는 미스가 만들어 놓은 교육과정을 통해, 그리고 미스 사무실에서 실무를 익히면서 형성되었다고 해도 과언이 아니다.

테크놀로지 개념

김종성 건축에 대한 미스의 영향은 테크놀로지 개념에서 두드러지게 나타난다. 사실 김종성 건축에 대한 정확한 이해는 미스의 테크놀로지 개념에서 출발해야 한다. 그것은 설계를 시작할 때부터 지금까지 일관되게 유지되어 온 그의 설계 논리를 뒷받침하기 때문이다. 그동안 김종성이 각종 글이나 인터뷰에서 밝힌 테크놀로지 개념을 분석해 보면, 그것은 그의 건축에 네 가지 차원으로 개입하고 있음을 알 수 있다. 첫 번째로 김종성은 테크놀로지를 미스와 마찬가지로 시대정신으로 받아들인 것이다. 건축활동을 시작한 후 다양한 건축 경향의 부침(浮沈)에도 불구하고 김종성이 일관된 태도를 견지할 수 있었던 것은 바로 테크놀로지를 기반으로 한 역사의식을 가지고 있었기 때문이다. 그리고 자신의 건축을 근대건축의 연장선상에 놓고, 그것이 가지는 한계를 새롭게 발전시키고자 했던 것도 이런 생각의 발로라고 생각한다. 두 번째로 테크놀로지는 중요한 미적인 요소로서 작용하고 있다. 그것은 물성, 비례, 스케일,

그리고 디테일의 처리와 같은 건축설계의 실제적인 차원과 결합하고 있어서 건축을 단순히 짓는 행위에 머물지 않고 예술적 차원으로 승화시키는 역할을 담당하게 된다. 세 번째로 테크놀로지는 최선의 해결(Optimum Solution)을 위한 중요한 수단으로 작용하고 있는 것이다. 김종성은 설계를 진행하면서 기능, 공간, 경제성, 사용자의 만족, 도시적 맥락, 조형성 등을 가로지르는 최적의 해결책을 추구하려 했고, 이때 테크놀로지는 그런 건축가의 의지를 실현시키는 주요 수단으로 작용하게 된다. 마지막으로 김종성의 테크놀로지 개념은 도덕적이고 윤리적인 의미를 가진다. 건축에서 아름다움은 미스의 표현대로 내적 진실을 그대로 드러내는 것이다. 이 같은 네 가지 차원에서 테크놀로지 개념은 그의 건축에 개입하고 있고, 특히 서울올림픽 역도경기장과 SK 사옥은 그런 생각을 잘 반영하고 있다.

서울건축의 창설

1973년부터 한국과 미국을 오가며 작품활동을 펼쳤던 김종성은 1978년 한국에 귀국하여 정착하게 된다. 1956년 홀로 미국으로 떠난 이래 22년 만에 그의 앞에는 새로운 활동무대가 펼쳐진 것이다. 물론 김종성 자신이 미국에 오랫동안 정착해서 살아왔기 때문에 그 과정이 자연스럽게 이루어진 것은 아니었다. 1972년 정식으로 IIT의 교수로 임명된 이래, 그는 국내의 다양한 프로젝트와 연계되었고, 이에 따라 서울과 시카고를 수차례 오가며 활동을 펼쳤다. 그러나 그런 생활에는 한계가 많았다. 그가 시카고에서 설계한 계획안들이 의도대로 현실화되지 않았다. 효성 빌딩과 동성 빌딩의 건설은 그것을 잘 보여준다.

김종성이 한국에 귀국하겠다는 결심을 굳히게 된 것은 1977년 서울 힐튼 호텔의 설계를 맡으면서 였다. 그는 시카고 근교에 있는 자신의 자택에서 이 건물의 기본설계를 담당하였고, 그 결과를 한국으로 보내주었다. 그러나 그 진행이 여의치 않았다. 그래서 1978-1979 학기를 휴직하고 한국에 나와서 서울 힐튼 호텔의 실시설계를 맡게 될 동우건축사무소를 만들었다. 당시 김종성으로서는 한국에 정착할 생각이 없었고, 호텔 설계가 끝나면 다시 미국으로 되돌아가려 했으나 일이 그의 뜻대로 풀리지 않았다. 그가 처음 제안한 계획안이 서울시의 고도제한을 받으면서 한참동안 중단되었고, 그래서 휴직을 1980년 8월 말까지 연장했지만 그때까지도 해결이 나지 않았다. 그 과정에서 육군사관학교 도서관의 설계도 함께 맡게 되었다. 이에 할 수 없이 그는 동우건축을 서울건축(Seoul Architects-Consultants International Ldt., SAC)으로 이름을 바꾸면서 한국에서 본격적인 활동에 나서게 된다. 이때부터 그는 엄청난 양의 건물들을 쏟아내기 시작하였다.

구축적 공간의 탐구

김종성이 활동을 펼칠 시기 세계 건축계는, 근대 거장들이 활동했던 1950-60년대와 비교해서 담론 상에 커다란 변화를 경험하게 된다. 1970년대 포스트모던 건축이 등장하면서, 미스 건축은 젊은 건축가들로부터 비판의 대상이 되었다. 그들은 미스 건축의 추상적인 형태가 의미 전달에서 문제가 있다고 보고, 그것을 해결할 수 있는 다양한 방안들을 제시했다. 김종성은 이런 비판을 미스의 건축을 새롭게 해석하고, 자신의 건축을 정립하는 계기로 삼았다. 그는 과도한 기술결정주의나 장식적인 하이테크 건축에 함몰되지 않고 새로운 길로 나가고자 했다. 그 길은 주로 공간 탐구를 통해 이루어졌다. 1970년대 초반 김종성은 빛과 공간과의 관계를 탐구하기 위해 르 코르뷔지에와 루이스 칸의 건축을 탐구하기 시작했다. 특히 칸의 건축은 그에게 새로운 방향을 열어 주었다. 김종성은 구축적 체계와 공간 사이의 관계를 집요하게 추구했고, 그런 노력은 '구축적 공간'이라는 새로운 유형의 공간의 창조로 이어졌다. 그것은 건물 재료와 구조가 만들어 내는 공간적 질서 속에서 빛의 흐름을 조절하여 독특한 체험을 이끌어 내는 것이다. 이런 생각은 서울 힐튼을 비롯해서 다양한 문화시설의 설계에 커다란 영향을 미쳤다.

서울 힐튼

김종성이 추구했던 구축적 공간은 그의 건축에서 다양한 방식으로 등장한다. 이것에 대한 최초 실험은 서울 힐튼을 설계하면서 이루어졌다. 이 건물은 김종성의 건축 역정에 있어서 하나의 중요한 획을 그은 것으로, 김종성 스스로도 대표작으로 자부하는 건물이다. 김종성은 이 설계를 계기로 시카고를 떠나 한국에 본격적으로 활동을 펼치게 된다. '서울 힐튼'이 김종성의 대표작으로 손꼽히는 것은, 거기에 김종성이 그동안 탐구해 온 공간개념이 가장 명료하게 나타난다는 점 때문이다. 특히 이 호텔의 로비 부분을 설계하면서 건축가는 빛과 구축체계를 집중적으로 탐구했다. 그것은 호텔의 다양한 기능들이 실현되는 장소였다. 김종성은 호텔건축에서 핵심 개념이 평면 계획이라고 잘라 말했다. 즉, 중심 공간을 만든 다음 거기에 호텔의 부대시설을

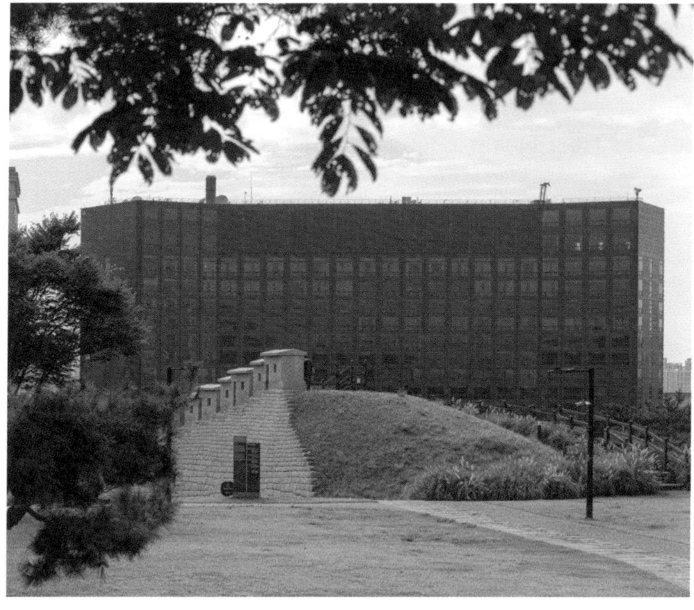

서울 힐튼 〔사진 : 이강석〕

기능적으로 연결시키면서 뛰어난 공간적인 연출을 하는 것이 호텔을 설계하는 데 가장 중요하다고 보았다. 서울 힐튼의 경우 로비를 지나가면 18m의 높이 차가 나는 공간이 한 눈에 들어오게 되는데, 김종성이 '가슴이 솟구치는 공간'이라고 표현한 것이 바로 여기가 아닐까 생각된다. 김종성이 설계한 호텔 건물에서 주목한 공간 개념은 무엇보다 로비–아트리움–라운지로 이르는 일련의 시퀀스이다. 그리고 로비에서 직접 연결된 아트리움은 호텔의 다양한 기능을 통합하는 하나의 중심 공간으로 자리 잡는다.

김종성은 서울 힐튼을 설계하는데 두 가지를 참고했다. 하나는 김종성이 미국에 머물 당시 유행했던 존 포트만(John Portman)의 호텔건축이다. 포트만은 1960년대 후반부터 일련의 대형 호텔을 설계하면서, 대규모 아트리움을 적극적으로 활용했다. 다른 참조물은 라틴 크로스(Latin Cross)의 평면을 지닌 서양의 중세 교회 건물이다. 서울 힐튼의 1층 부분과 이들을 비교해 보면 많은 유사점을 발견할 수 있다. 평면적으로 볼 때 서울 힐튼의 내부 공간은 기둥이 세 개의 베이로 분할하고 있는데, 이것은 네이브(Nave)를 중심으로 두 개의 아일(Aisle)이 배치되는 서양 종교 건축의 평면구성과 매우 유사하다. 김종성이 서울 힐튼 로비에서 독특한 기둥 형태를 구사하게 된 것은 중심 공간으로 향한 시퀀스를 강조하기 위해서였다.

육군사관학교 도서관

서울 힐튼에 이어 설계된 육군사관학교 도서관(이하 육사 도서관)은 미스 반 데어 로에가 멕시코 시티에 설계했던 바카디 사옥(Bacardi Administration Building, 1958~1961)을 바탕으로 발전시킨 것이지만, 공간 개념은 완전히 달랐다. 먼저 미스의 바카디 사옥은 철골구조로 된 반면에 육사 도서관은 철근콘크리트 구조로 되어 있다. 그리고 바카디 사옥에서 단위 모듈과 일치된 간격을 가지는 I빔 멀리온을 노출시킨 반면에 김종성은 전면의 경우 3분할된 벽면 중앙에 두 모듈에 해당하는 3m 간격의 루버를 설치했다. 여기서 우리는 김종성의 모듈 체계는 미스 건축만큼 구조, 형태, 공간이 완벽하게 일치되지 않는다는 사실을 알 수 있다. 육사 도서관은 바카디 사옥을 참조하면서 설계되었기 때문에 그 모듈 체계가 어떻게 김종성 고유의 공간 구성 방식으로 발전되는지를 매우 잘 보여 준다. 사실 미스를 비롯하여 모든 미시안에게 모듈 체계는 공간을 발생시키는 발생기였다. 그것을

육군사관학교 도서관 〔출처 : 임정의/청암아카이브〕

바탕으로 구조, 공간, 형태가 하나의 일관된 원칙으로 통합되기 때문이다. 따라서 모듈 체계가 어떻게 활용되는 것을 살피는 것으로도 미스의 원칙들이 어떻게 건축 속에 도입되는가를 명확히 알 수 있다. 김종성 건축에서도 모듈 체계가 모든 설계 과정의 바탕을 형성한다는 점에서 미스 건축과 유사하지만, 그것이 건물 구조, 공간, 형태에 일관되게 작용하지 않는다.

두 번째로 건물 기능의 차이로 중심 공간의 성격이 많이 달라진다. 바카디 사옥의 1층 부분은 계단실을 포함하는 독립적인 홀로 이루어진 반면에 육사 도서관에서는 독서실이나 세미나실 등이 중심 공간을 둘러싸고 있다. 이에 따라 공간감이 달라진다. 미스 건축에서 천정은 막혀 있되 외벽이 유리로 되어 있어서 사람들의 시선은 계속해서 수평적으로 퍼져 나가게 된다. 그러나 육사 도서관에서 중심 공간은 1층의 경우 벽체로 막혀 있고, 2층 부분에서도 촘촘한 서가 때문에 내밀한 공간이 형성되어서 내부공간은 외벽을 향해 흩어지기보다는 중심을 향해 집중된다. 이렇게 집중된 공간감은 중심 공간 바로 위에 설치된 천창을 향해 이동하면서 수직적 상승감을 불러일으킨다. 이에 따라 미스 건축의 경우 사방에서 들어오는 빛은 공간 내에서 균질하게 퍼져 나간다. 그러나 김종성에게 빛은 건물 중심에 자리 잡은 천창을 통해 들어오면서 건물 전체에 방향성을 부여하게 된다.

서울대학교 박물관

김종성은 서울대학교 박물관을 설계하며 처음으로 독특한 형태의 천장을 도입하고 있다. 그전까지 자연광은 예술작품을 훼손한다는 생각이 강해, 가급적 미술관 내로 자연광이 도입되는 것을 꺼렸다. 그러나 루이스 칸이 설계한 '킴벨 미술관'이 지어지면서 그런 생각은 많이 바뀌게 되었다. 천장을 통해 간접적으로 흘러 들어오는 빛은 전시공간에 활기찬 매력을 불러일으킬 수 있다고 보았다. 그 후 많은 건축가가 전시시설을 설계하면서 빛과 공간과의 관계를 중시하게 되는데, 김종성도 그런 영향을 받은 것으로 보인다. 그래서 서울대 박물관에서는 전시실을 하나의 큰 공간으로 개방시키되 1/4 원호로 된 천창을 설치하여 자연광을 내부로 끌어들이고 있다.

사실 김종성이 설계한 전시공간은 미스의 공간 개념과 루이스 칸의 공간 개념이 교묘하게 접목되어 있다고 볼 수 있다. 김종성은 미스처럼 내부를 익명적인 단일 공간으로 처리하지 않았고, 그렇다고 루이스 칸처럼 개별적인 방(Room)의 개념을 만들어

서울대학교 박물관 〔출처 : 국립현대미술관 미술연구센터 소장, 김종성 기증〕

내지도 않았다. 그 대신 7.2m 간격의 공간에 두 개의 천창을 설치하면서 자연광이 내부로 들어오는 다소 큰 공간을 제안하게 된다. 그 공간은 킴벨 미술관처럼 특정한 장소로 구분된 방은 아니지만, 그렇다고 미스 건축에서 보이는 중성적인 무주 공간도 아니었다. 그 대신 천창을 통해 들어오는 빛은 일정한 리듬을 반복하면서 공간에 방향성을 부여했다. 그리고 건물을 지지하는 견고한 골조는 그 빛을 통해 그 존재를 드러낸다. 그런 점에서 이 전시 공간은 김종성이 만들어 낸 새로운 종류의 공간이었다.

김종성은 전시공간을 설계하면서, 기둥이 모듈 체계와 일치하지 않도록 하였는데, 이런 현상의 이면에는 기둥의 배치를 통해 공간의 새로운 질서를 창조해 내려는 건축가의 의도가 명백하게 깔려 있었다. 김종성은 평소에 '기둥이 공간의 이벤트를 창조한다'라는 루이스 칸의 말을 자주 인용했는데, 그의 건축에서 나타나는 기둥들은 모두 그런 의미가 담겼다. 서울대 박물관에서 기둥은 전시공간의 벽체로부터 노출되어 일렬로 늘어서 있다. 이들은 두 가지 역할을 담당하게 된다. 즉, 한편으로는 건물이 지니는 구축체계를 지시하면서, 다른 한편으로 그 공간의 리듬을 구체적인 크기로 시각화하는 역할을 담당하는 것이다. 김종성은 내부에 노출된 기둥들이 전시 기능에 다소 문제를 일으킨다는 사실을 알고 있었음에도 이런 선택을 하게 된 것은, 기둥이 가지는 공간적 의미를 좀 더 중시했기 때문이다.

경주 선재미술관(현 우양미술관)

경주 선재미술관에서 김종성이 실험해 온 텍토닉 공간은 가장 완성된 형태로 등장하게 된다. 건물의 전체 스킨은 이전에 김종성이 설계한 두 건물을 혼합한 것이다. 즉, 여기에는 육사 도서관에서 나타나는 중심 공간과 서울대 박물관에서 나타나는 전시실이 적절하게 혼합돼 만들어졌다. 경주 선재미술관은 행정 학예 기능을 제외하고는 하나의 터진 공간으로 되어 있다. 건물에 들어가자마자 등장하는 커다란 홀과, 이 홀을 지나서 2층으로 올라가면 나타나는 전시 공간이 단일 공간으로 존재한다. 또한 이 홀에는 2층 전시실로 올라가는 계단이 설치되어 있다. 미스는 저층 오피스를 설계하면서 계단을 가장자리 양쪽 방향으로 돌렸는데 김종성은 이 구조를 육사 도서관에서 이미 유사하게 사용한 바 있다. 그러나 선재미술관의 경우 홀의 폭이 좁아서 한 방향으로 된 계단을 설치했다. 사람들은 이 계단을 통해 2층으로 올라가면, 21m 간격으로 된 4개의 기둥을 제외하고는 텅 비어 있는 하나의 단일

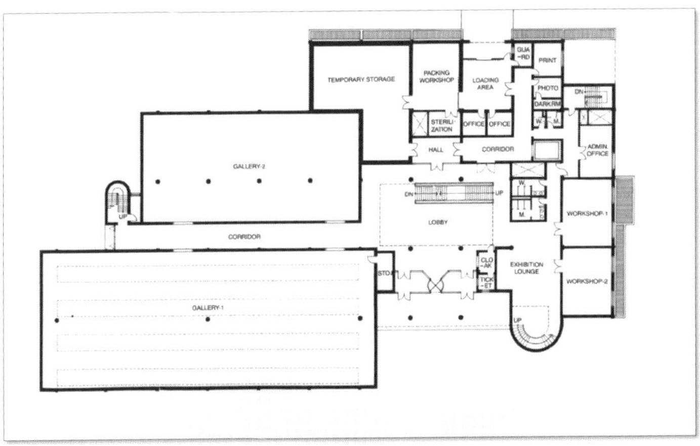

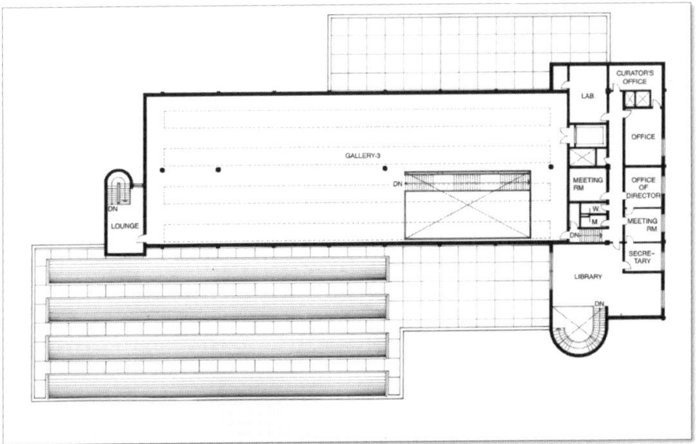

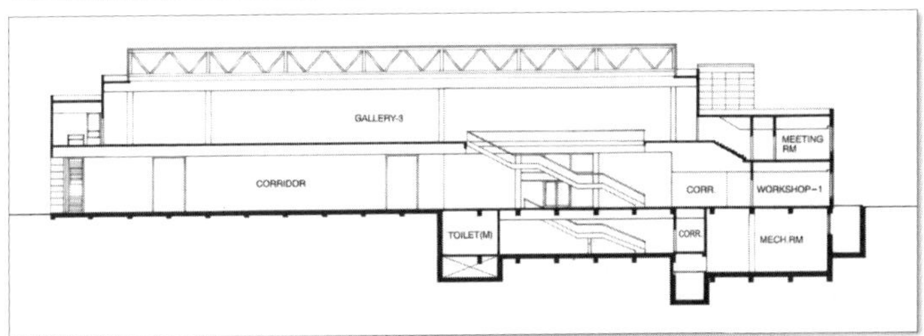

경주 선재미술관 1층 평면도, 2층 평면도, 단면도

〔출처 : 국립현대미술관 미술연구센터 소장, 김종성 기증〕

공간을 발견하게 된다. 그리고 그 위로는 서울대 박물관에서도 사용한 적이 있는 1/4원의 천창이 열 지어 있다. 천창 크기가 서울대 박물관 천창보다 더욱 커지면서 철골구조로 만들어졌고, 부재는 건물 내부로 그대로 노출되어 있다.

경주 선재미술관의 2층 전시실은 마치 미스 반 데어 로에와 루이스 칸의 공간을 섞어 놓은 듯한 느낌을 준다. 사실 미스와 칸의 공간은 너무나 이질적이어서 서로 융합될 수 없다. 김종성은 이것을 나름대로의 방식으로 융합하여 선재미술관에서 사용하고 있다. 그래서 공간은 천창이 만들어 놓은 방향성과 단일한 공간이 만들어 놓은 균일함이 충돌하면서 묘한 긴장감을 드러내고 있다. 그것은 미스 공간처럼 균일하지도 않고, 그렇다고 칸의 공간처럼 개별적인 방으로 구성되어 있지 않다. 그 대신 하나의 단일 공간 속에서 여러 개의 공간적 리듬이 파동치는 그런 느낌을 준다. 공간은 들어오는 빛의 강약에 따라 빛의 물결을 일으키면서 경쾌한 움직임을 유발시키고, 이런 느낌이야말로 선재미술관에서 나타나는 공간 개념을 가장 잘 드러내는 것이라고 생각한다.

건물 외부는 건물 매스와 천창으로 다양하게 구성되어 있다. 미스 건축에서 나타나는 절제된 기하학적 질서나 루이스 칸 건축에서 등장하는 견고한 벽체와는 다른 느낌을 준다. 거기에는 단조로움을 피하되 내부의 구축 방식을 노출시킴으로써 구축성을 강조하고 있다. 김종성은 서울대 박물관을 설계하면서 돌의 마감을 통해 내부의 구조 방식을 드러내려 했으나 그 효과가 기대에 못 미친다고 판단했다. 그래서 경주 선재미술관에서는 기둥 형태를 장식적으로 피복하여 드러내고 있다. 재미있는 것은 전시실과 행정시설의 벽체 마감을 달리했다는 것이다. 즉, 6m 높이의 전시실에서는 상주석으로 마감했고, 3.6m 높이의 행정 및 학예기능을 담당하는 부분에는 검은 후동석을 사용했다. 그리고 그 경계 부분에 반원형 계단을 돌출시켜서 구분했다. 그래서 외벽은 이질적인 재료를 사용해 서로 대조적으로 보이지만, 일관된 구조체계 덕분에 전체적으로 통일되어 있다.

선재미술관에서 사용된 기둥은 독특한 형태로 되어 있다. 이것은 대략 '+'자형 단면을 띤 것이다. 거기에다 접히는 부분을 조금씩 더 돌출시켜서 그 형태가 복잡하게 분절되어 있다. 건축가는 이것을 통해 기둥의 육중함을 약화시키고자 했다. 현재의 기둥은 그런 김종성의 의도를 어느 정도 충족시키고 있지만, 전체적으로 너무 복잡해 보인다. 또 전시공간에서 그 형태가 너무 두드러져 시공 후에 상당한 비난을 들어야만 했다. 기둥 간격도 불규칙했다. 건물 전체의 기둥 간격은 7.2m로 되어 있으나, 전시실 내에서는 21.6m로 늘어났다. 김종성으로서는 촘촘한 기둥이 전시에 방해를 주지 않을까 염려했을 것이다. 김종성이 내부 공간에 원형 기둥 대신 이런 형태의 기둥을 선택한 데에는 건물 외부로 드러나는 기둥 형태와 조화를 이루기 위해서였다.

서울역사박물관

서울역사박물관은 경주 선재미술관의 공간 방식을 기본 유형으로 사용하되, 대지가 경희궁내에 위치한 관계로 다양한 변형이 일어났다. 서울역사박물관은 선재미술관보다 설계 조건이 훨씬 까다로웠다. 그래서 1987년 설계가 시작되어 10년 넘게 끌다가 1998년에야 완성되었고, 개관은 2002년 5월에 이루어졌다. 이 기간에 계획안이 상당히 바뀌면서 초기에 가졌던 생각과는 많이 달라졌다. 김종성은 서울시로부터 이 박물관의 설계를 의뢰 받았을 때, 서울 도심에 주요 문화시설을 남길 수 있을 것으로 기대하고 대단히 의욕적으로 참여했다. 그러나 시간이 지나면서 그 진행이 순조롭지 못했다. 건물이 옛 경희궁 터에 세워졌기 때문에 배치와 형태 구성이 매우 까다로웠다. 또 대지가 종로에서 오는 도로의 축이 꺾인 부분에 위치했기 때문에 이런 점을 건물의 배치에 반영하기도 쉽지 않았다. 현재 박물관이 들어서 있는 대지는 일제강점기 이후 서울고등학교 교사로 이용되다가, 그 학교가 강남으로 이전하면서 서울시에서는 이곳을 다시 경희궁으로 복원할 계획을 세우고 있었다. 그러던 차에 시립박물관을 세우려는 계획을 하게 되었고, 이곳 대지의 일부를 박물관 대지로 사용하게 되었다.

이런 이유로 서울역사박물관에 관한 계획안은 몇 번 바뀌었다. 첫 번째 안은 현재 지어진 건물과는 상당히 다르게 계획되었다. 박물관 배치는 홍화문을 중심으로 이루어졌다. 그렇지만 이 건물이 조선시대 궁궐터에 지어졌기 때문에 심의 과정에서 많은 반대가 제기되어 일이 정상적으로 진행되지 못했다. 이에 따라 건축가로서는 어쩔 수 없이 그들을 부분적으로 수용할 수밖에 없었고, 그 과정에서 초기안이 많이 바뀌게 된다. 그 가운데 가장 큰 변화는 박물관의 주 출입구가 90도 틀어진 채 홍화문과는 별도로 만들어진 것이다. 그 때문에 건물의 배치 방향이 남북이 아닌 동서가 된다. 배치가 그렇게 바뀐 데에는 서울시 관련 공무원의 요구가 있었다. 그들은 경희궁과 박물관이 입구를 공유하는 것이 자연스럽지 않다고 보고, 아예 출입구를 분리하자는 의견을 개진했다.

전통건축과 연계성을 강조하려는 절충적 시도가 공간상에서도 나타난다. 첫 번째 안에 비해 마지막 안은 내부 공간이 훨씬 의례적이고 무거워 보인다. 에스컬레이터 대신에 서구의 고전건축에서 나올 법한 장중한 계단이 중심 공간에

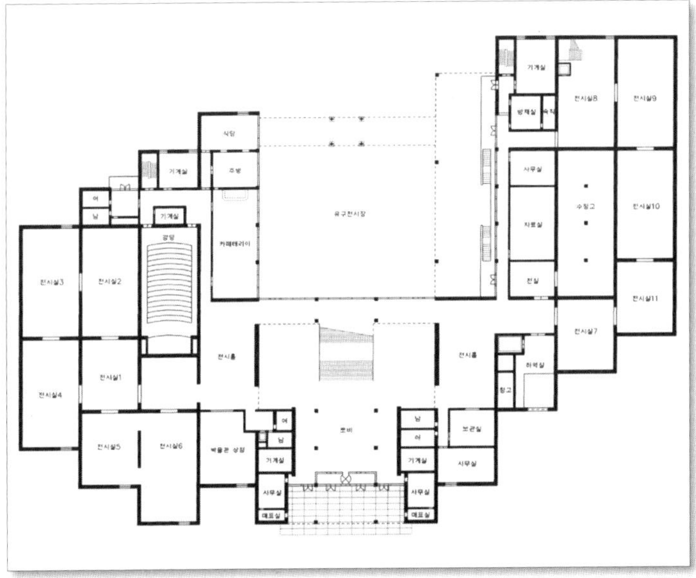

서울역사박물관 1층 평면도 〔출처 : 국립현대미술관 미술연구센터 소장, 김종성 기증〕

놓인 것도 이 때문이다. 전체적으로 공간이 권위적으로 되면서, 입구에서부터 중심 공간을 이어 주는 기둥의 배치도 바뀐다. 그것은 각기 네 개씩의 기둥이 양쪽으로 배치되어 좀 더 강한 방향성을 지니게 된다. 이런 점 때문에 서울역사박물관에서 나타나는 중심 공간은 고전건축의 가지는 장중함을 지니지만, 김종성 특유의 투명함과 경쾌함은 잘 나타나지 않는다. 건물 외관은 철골프레임과 그 속에 충진된 석재로 구성된다. 김종성은 전통적인 분위를 주기 위해 철제 프레임을 자주색으로 처리하였다. 그러나 그 색깔이 의도한 것만큼 그다지 좋은 효과를 주지 못했다. 이런 점으로 미루어 볼 때 서울역사박물관은 그 주위 여건 때문에 김종성의 생각을 명료하게 드러내지 못했다. 당시 한국 건축계의 폐쇄적인 지역성과 김종성의 보편 지향적인 태도가

서울역사박물관 1층 로비 〔출처 : 국립현대미술관 미술연구센터 소장, 김종성 기증〕

맞부딪치면서 이 프로젝트를 좋지 않은 방향으로 이끌고 갔고, 건축가는 그 점을 매우 아쉬워했다.

힐튼의 사람들 ①

국내 호텔 최초 이탈리안 레스토랑이 남긴 것들

홍석일

서울 힐튼의 오프닝 멤버로 합류해
호텔의 F&B서비스를 총괄 담당했다.
〔사진 : 이강석〕

일시 2023년 9월 3일

장소 카페 파이키(Fikee)

1987년 봄, 서울은 올림픽을 준비하는 분주함과 기대가 가득했습니다. 빠른 성장과 변화가 일상의 모든 영역에서 이뤄지던 시기였죠. 이탈리아어로 '다리'를 뜻하는 '일 폰테(Il Ponte)'가 서울 힐튼에서 운영을 시작한 것도 이 즈음입니다. 국내엔 아직 정통 이탈리아 음식이 익숙하지 않던 시기, 대부분의 사람들에게는 다소 생소한 메뉴이기도 했죠. 그러나 오픈 이후 인기는 대단했습니다. 이탈리안 사관학교란 별명이 생길 정도로 국내 유수의 셰프들이 이 레스토랑을 거쳐 가기도 했고요.

서울 힐튼의 오프닝 멤버로 합류해 호텔의 F&B 서비스를 총괄 담당했던 홍석일 상무는 일 폰테가 서울 힐튼에서 운영했던 레스토랑이기에 더욱 특별했다고 회상합니다. 단순히 호텔 내 레스토랑이 아니라 정통성 있는 해외 식문화를 전파하는 문화의 가교가 될 수 있었던 이유. 그것은 서울 힐튼의 존재 가치와 긴밀하게 연결되어 있었습니다.

일 폰테 오픈 당시 모습

일 폰테가 오픈할 당시, 국내에서는 이탈리아 음식과 문화가 생소했을 텐데요. 당시를 회상해 본다면, 이탈리안 레스토랑 오픈은 어떤 의미가 있었나요?

일 폰테는 국내 호텔 최초의 이탈리안 레스토랑이었어요. 당시 호텔들은 주로 프렌치 레스토랑을 선보이고 있었죠. 호텔 바깥에서도 이탈리안 레스토랑은 흔치 않았습니다. 1980년대 후반에야 점차 서울에도 웨스턴 메뉴를 다루는 식당들이 생기기 시작했어요. 그 이전에는 양식이라고 하더라도 거의 돈가스, 오므라이스와 같은 메뉴들이 주를 이뤘습니다.

그러다 1980년대 후반에서 1990년대 초부터 이탈리안 식당들이 점차 생기고 인기를 끌기 시작했어요. 다른 호텔들에서도 점차 이탈리안 음식에 주목하게 되는 과도기와 같은 시기였죠. 게다가 일 폰테는 정통성을 추구했기에 국내에 정통 이탈리안 음식을 소개하고, 그 문화까지도 제대로 선보이기 시작했다는 점에서 매우 의미 있는 공간이었습니다.

오픈 이후, 일 폰테는 아주 큰 사랑을 받았죠. 익숙하지 않을 수 있는 이탈리안 메뉴가 성공할 것이라고 예측하셨는지요?

이탈리안 음식은 국내에서 하이 레스토랑의 메뉴로 인식되던 프렌치 음식보다 조금 더 가볍고 건강한 음식들이 많습니다. 게다가 우리나라 사람들도 국수를 일상적으로 자주 먹고 좋아하잖아요. 이탈리안 피자는 호불호가 있을 수 있더라도, 파스타는 모두 좋아할 것이란 확신이 있었죠. 그리고 한식에서도 빼놓을 수 없는 마늘과 양파가 많이 쓰이기도 하고요. 한국인들이 가볍게 즐기면서도 좋아할 수밖에 없을 거라 생각했습니다.

일 폰테의 인기는 당시 어느정도 였는지 궁금합니다.

1980년대 후반에서 1990년대 초는 국내에서도 호텔 문화가 점점 익숙해지기 시작했던 때입니다. 일 폰테에도 참 많은 손님들이 와 주셨어요. 밸런타인데이 같은 성수기 때는 하루 매출이 5천만원에 육박할 정도로 인기가 많았어요.

또, 호텔에서 결혼식이 가능해지면서 결혼식 때 국수를 먹는 문화를 이탈리아 식으로 바꾸어 진행하기도 했죠. 서울 힐튼의 초창기부터 자리를 지킨 레스토랑이기 때문에 단골 손님들도 많습니다. 할아버지, 아버지, 손자까지 3대가 함께 오고 추억을 공유할 수 있는 공간이기도 했습니다.

지금은 익숙해졌지만, 그 시기에 글로벌한 문화를 접하고 즐길 수 있는 유일한 공간이기도 했겠어요.

그랬죠. 힐튼 본사 차원에서 프로모션 플랜은 5년씩 계획하기도 했고, 레스토랑 프로모션도 연 단위로 미리 기획했습니다. 그래서 특별한 문화 행사들도 많이 열었습니다. 어린이날에는 전세계 셰프들과 함께 남산을 걷는 행사도 하고, 피자 만들기 체험 같은 것도 하고요. 이 프로모션은 이탈리아, 프랑스, 베트남 등 세계 각국의 셰프들을 직접 섭외하여 했는데요.

이것이 가능했던 이유는 힐튼이었기 때문입니다. 글로벌 호텔 체인이기 때문에 세계 각국에 흩어져 있는 힐튼에서 섭외해 교류가 가능했죠. 당시 이렇게 제대로 전세계적인 음식과 문화들을 직접 현지 전문가가 소개할 수 있는 공간은 힐튼이 유일했습니다. 글로벌 체인이라는 점을 적극 활용한 것이죠. 이러한 글로벌한 문화 교류는 아무나 쉽게 흉내 낼 수 없는 힐튼만의 자부심이기도 합니다.

힐튼의 글로벌한 운영 방식으로 인해 더욱 일 폰테의 운영도 정통성을 잃지 않고 할 수 있었던 것이군요. 꾸준히 이탈리안 현지 셰프들을 고용했던 것도 그런 이유에서 였죠?

정통 이탈리안 레스토랑임을 내세우려면 반드시 이탈리안 주방장이 있어야 한다는 것이 정희자 회장님의 철칙이었습니다. 처음부터 문을 닫을 때까지 일 폰테는 이탈리안 셰프가 늘 헤드 셰프로 있었어요. 경제적 비용 등을 감수하더라도 지키고자 했죠.

현지 셰프를 초빙하고, 국내 셰프들은 현지로 연수를 보내기도 했습니다. 현지 문화를 있는 그대로 배우고 흡수해서 전파할 수 있도록 교육한 것인데요. 이탈리아 현지에 가서 각 지역의 음식들이 어떻게 다른지, 그리고 실제로 레스토랑 문화가 일상 속에서 어떻게 향유되는지를 직접 경험하고 돌아와 일 폰테에도 적용할 수 있도록 노력을 했습니다. 그렇다 보니 일 폰테에서 근무한 직원들은 어디서든 환영받을 수 있었고, 일 폰테를 거쳐간 많은 셰프들이 이탈리안 음식을 전국에 퍼뜨리는 데에도 분명 큰 역할을 했었습니다.

이렇게 오랜 시간 동안 정통 이탈리안 레스토랑으로 역사와 명성을 쌓았던 일 폰테가 서울 힐튼 운영 종료와 함께 문을 닫게 되었습니다. 근속했던 직원들, 단골 손님들 등 레스토랑에 많은 추억이 있는 분들이 모두 아쉬워 하실 것 같아요.

저만 해도 총각 때 입사해서 일생을 다 바쳐 일을 한 공간이에요. 37년 근무하며 집보다도 더 많은 시간을 보냈습니다. 저도 이곳에서 결혼을 했고, 딸의 결혼식도 힐튼에서 했죠. 그런데 힐튼의 직원들은 거의 그렇습니다. 오프닝부터 1,400명 이상의 직원들이 모두 정직원으로 시작했어요. 대한민국 호텔 초창기 문화를 만들어 왔고, 수많은 일들을 겪으며 역사를 쌓아간 이들입니다. 이곳에서 근무했던 사람들, 이용하던 손님들 모두 한 세월을 함께 한 셈입니다. 그런 수많은 이들의 추억과 처음, 소중한 기억들이 함께 하는 공간이라는 점도 매력적이지만, 동시에 우리나라에 글로벌 식문화를 포함한 문화의 가교 역할도 톡톡히 했다는 것도 의미가 큽니다.

그래서 이렇게 상징적인 건물을 없앤다는 것은 철거 그 이상의 의미를 가진다고 생각합니다. 많은 이들의 삶, 대한민국의 문화의 한 페이지가 없어지는 것이나 마찬가지이죠. 이런 것들이 참 아쉽습니다. 힐튼이 자리를 지키며 전세계 유명인들도 이곳을 찾았고, 이곳에 추억이 많은데 한국에 재방문하려 할 때 힐튼이 없다는 것은 참 어색하고 아쉽잖아요. 이 자리에 서울 힐튼이 없다는 것은 아직도 상상이 되지 않습니다. 서울역은 언제나 그 자리에 있었던 것처럼, 저에게는 힐튼이 서울의 한 부분인 것으로 그 자리에 있는 것이 자연스럽거든요.

이처럼 건축적으로도, 문화적으로도 서울 힐튼은 상징성이 큽니다. 서울 힐튼의 다음 스텝이 어떤 모습일지 모르지만, 적어도 이런 부분들은 최대한 존중받으며 보존이 되면 좋겠다는 바람이 있습니다.

서울 힐튼이 미래의 세대들에게는 어떻게 기억이 되었으면 하나요?

하나의 상징처럼 기억되었으면 합니다. 서울역에 내리자마자 가장 먼저 보이는 위치라는 점, 그리고 할머니와 할아버지, 엄마 아빠가 글로벌한 문화를 가득 누렸던 곳이라는 점에서도 그렇습니다.

힐튼의 사람들 ②

밀레니엄 힐튼 서울의 마지막 영업장

이덕노 대표

힐튼 양복점의 이덕노 대표가 여러 가지 서류와 사진 자료들을 보여주고 있다. 〔사진 : 이강석〕

힐튼 양복점 내부

일시 2023년 9월 12일

장소 밀레니엄 힐튼 서울 2층, 힐튼 양복점

밀레니엄 힐튼 서울의 마지막 영업장

서울 힐튼의 남산 쪽 메인 출입구로 들어가 출입명부에 이름을 적고 들어갔다. 높이 18m의 드넓은 입구 홀은 그대로이다. 시원한 실내 분수의 물소리가 들리지 않는 적막한 공간에 힐튼 트레인이 그대로 놓여있는 모습은 을씨년스러웠다. 축제는 지나가고, 이제 모두가 이제 모두가 떠난 이곳은 철거만을 기다리고 있는 것일까. 아닐 것이다. 아직 누군가 이곳에 남아 힐튼의 생명줄을 이어가고 있었다.

힐튼 양복점 이덕노 대표. 그의 영어식 이름도 힐튼 리(Hilton Lee)다. 밀레니엄 힐튼 서울이 2021년 12월 10일 이지스 자산운용에 매각되고, 2022년 12월 31일 호텔영업을 종료한 지 9개월 째인 2023년 9월 12일, 여전히 문을 열고 영업 중인 힐튼 양복점의 이덕노 대표를 만났다.

간판도 사라진 서울 힐튼의 현관을 지나 관리인에게 힐튼 양복점을 간다고 하니 왼쪽 계단으로 올라가라고 안내를 했다. 나선형 계단을 올라가니 2층 복도에 유일하게 불이 켜진 힐튼 양복점이 보인다. 노타이로 버튼을 사용하도록 컬러가 특이하게 디자인된 흰색 와이셔츠 차림의 이 대표는 맞춤양복 장인이라는 자부심이 대단했다. '세상에 단 하나뿐인 나만의 체형, 취향에 맞춘 수제 명품 양복'을 만드는 그를 전세계적으로 유명한 각 분야의 전설적인 수천, 수만 명의 명사들, 양복의 마에스트로, 60인 이상의 각국 정상들 등이 '최고의 수제 양복의 명장, 양복 박사, 전설적인 양복 디자이너'라고 호평했다고 한다. 그는 수많은

인터뷰 당시 볼 수 있었던 서울 힐튼 내부 사진들

창문은 굳게 닫혀 있으며 로비 바닥의 카페트는 듬성듬성 잘려진 상태이다.
〔사진 : 이강석〕

고객들의 이름과 그들과 찍은 사진, 친필 서명 등 사진 자료를 비롯한 힐튼 양복점의 기록들을 자랑스레 보여주었다. 하지만 최근 중구청에 보낸 민원에 대한 내용증명 등 각종 서울 힐튼과 관련된 서류를 보여줄 때에는 답답함과 치밀어 오르는 분노를 감추지 못했다.

"제가 체력 하나는 누구보다 뒤지지 않는 사람인데 9개월동안 건강이 상당히 나빠졌어요. 특히 공기가 너무 안 좋아서 숨을 쉬기도 힘들고, 얼마 전에는 목에서 피가 다 나왔습니다. 그래도 이곳을 떠날 수는 없습니다. 제가 40년 넘게 맞춤 양복을 하면서 맺은 수많은 고객들과의 약속, 힐튼에서 마지막 10년을 마무리하겠다는 약속은 반드시 지키고 싶기 때문입니다. 무엇보다도 서울 힐튼을 철거하는 것은 국가적으로 큰 손실입니다. 김종성 건축가가 아름답게 설계했고 정말 제대로 잘 지어진 건물입니다. 이건 절대로 지켜야 합니다."

이 대표는 1976년부터 이태원에서 힐튼 양복점을 운영해 많은 고객을 갖고 있다. 하지만 이태원 시대를 접고 2021년 2월 2일 밀레니엄 힐튼 서울로 왔다. 그러다 호텔이 매각되고 다른 업체들은 모두 철수했지만 그는 임대차보호법의 대상으로서 자격이 있다는 점을 내세워 영업을 접지 않고 있다. 하지만 혼자있는 게 불안해서 가스총, 벨, 벽돌 등 온갖 호신용품을 구비해두고 있었다. 문 밖에는 폐쇄회로 TV도 달았다고 했다. 아무리 맷집이 좋다고 해도 그가 언제까지 버틸 수 있을지 의문이다.

그러나 한편으로 복잡한 개발계획의 문제가 상존한다. 이지스자산운용은 2021년 12월 10일 특수목적법인 YD427 PFV 프로젝트금융투자회사(PFV)를 내세워 CDL호텔코리아로부터 서울 힐튼(양동구역 제 4-2·7 지구)을 1조 4000억원 매입했다.

이어서 2023년 1월 서울로타워(옛 대우재단 빌딩, 서울 중구 남대문로5가 526번지, 양동6지구, 거래가 3080억원)와 인근의 메트로타워(서울 중구 남대문로5가 537번지, 양동8지구)도 사들였다. 이지스는 이들 3개 건물을 묶어 대단지 재개발·재건축을 추진하고 있다. 현대건설이 시공사를 맡고 있으며 재개발을 위한 인허가 절차도 진행 중이다.

남대문로 5가 395번지, 서울 힐튼은 양동구역 도시재개발 정비사업을 통해 1984년 사용승인되어 30년 이상 경과된 건축물로 2030 서울시 도시·주거환경 정비기본계획의 완료지구 신축허용기준(30년)을 경과했기에 시도시계획위원회 심의를 통해 신축을 허용하는 원칙에 적용되는 상태다. 양동구역 제 4-2·7지구 변경 결정안의 경우 관계법령이 정하는 절차에 따라 업무를 추진하는 사항이어서 보존가치 등을 사유로 절차 추진을 제한하기 어렵다는 것이 중구청의 공식입장이다.

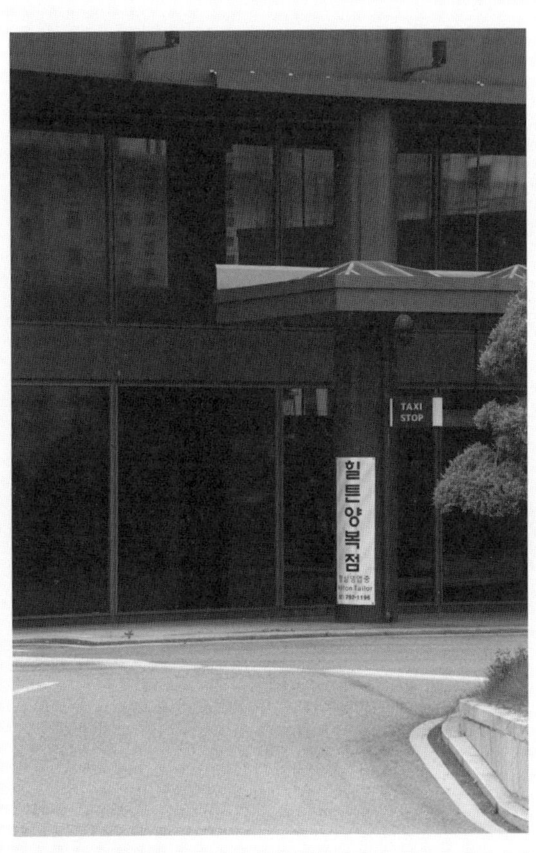

서울 힐튼 영업 종료 이후, 정상영업을 알리는 힐튼 양복점 간판
〔사진 : 이강석〕

유에서 무로 돌아가기에 앞서

PART ①
건축가 칼럼

〔홍재승〕 보존과 철거 사이

〔지정우〕 시간복합개발과 도심 시민공간으로의 가능성

〔오호근〕 도시의 정체성을 기록하는 새로운 접근

〔전이서〕 Demolish? or Not?

건축가 홍재승

플랫/폼 아키텍츠 대표, 연세대학교 건축공학과 겸임교수. 홍익대학교 건축공학과 졸업과 동대학원에서 석사 후 로테르담 베를라게 인스티튜트(Berlage Institute)에서 수학하고, 런던 메트로폴리탄 대학(London Metropolitan University)에서 디플롬을 받았다. 런던의 Chora 도시건축 연구소, 플로리안 베이겔 아키텍츠, 맨체스터의 이안심슨 아키텍츠에서 10여 년간 활동한 후 정림건축, 아키플랜에서 디자인 총괄 건축가로 근무하였다. 2017년에 플랫/폼 건축을 시작으로 대표작으로 '제주도립 김창열 미술관', 곤지암 화담숲 내의 '화담채', 평창동 '김창열 작가의 집' 등이 있다.

보존과 철거 사이

홍재승

2022년 12월 31일부로 서울 힐튼은 영업이 종료된 상태로 위태하게 서있다. 최종 선고를 기다리고 있는 듯 애처롭고, 무기력하다. 이렇게 철거의 낭떠러지로 내몰린 것은 정비사업의 변경되는 과정을 면면히 파악하지 못한 우리 노력 부족이기도 하다. 이미 제주대학교 본관 철거의 생채기가 깊게 남아있는데, 원하지 않는 상황들이 우리의 지성과 이성의 통제를 벗어나 있는 듯하다.

한국 근현대 사회의 전개과정에서 서울 힐튼의 태생은 자본의 논리에 의해 만들어지고 변화한 시대적 자본주의에 의해 다시 변모의 기로에 있다. 도시는 생물이기에 정책, 사업성, 지역 구조 변화에 따라 영향을 받고, 건축의 공공적 가치(보존과 활용) 인식도 높아지고 있는 것도 사실이다. 이 대치는 우리가 철거나 보존의 이분법적 논쟁에서 건축자체의 공간, 재료, 구축술의 이유로 항변하기는 무기력하다. 지난 10여년간 서울시장의 철학에 따라 개발에서 재생으로, 다시 개발의 문턱을 넘나들고 있는 것만 하더라도 우리는 그 중간지대에 인색하다. 이젠 보전지향 개발철학과 인식전환이 필요하다.

필자가 영국에 거주할 당시 목격한 개발회사 어반스프라쉬(Urbansplash)의 재생+개발 프로젝트들은 신선한 충격이었다. 근대 제조업의 산물인 공장이나 창고, 주택단지를 업무시설, 호텔, 공동주택 등으로 리모델링, 증축, 신축하는 것인데, 그 프리미엄이 보존을 위한 공사비를 넘어선다. 맨체스터의

맨체스터 살포드(Salford)의 사례

런던 킹스크로스(Kings Cross) 개발 사례 〔출처 : 구글어스〕

낙후된 살포드(Salford)란 지역의 흔한 빅토리안 하우스의 외벽 파사드를 남기고, 리모델링 한 사례(Chimney Pot Park)는 서울 힐튼의 커튼월 파사드의 보존 이유로서 차고 넘친다.

우리는 서울 힐튼을 단독 건축 유산의 범위를 넘어서 서울역을 시작으로 서울스퀘어, 남대문교회, 서울 힐튼, 한양도성, 남산으로 이어지는 도시문맥 속 거시적 관점에서 바라보아야 한다. 오랜 시간을 들여 현재 진행형인 런던 킹스크로스(Kings Cross) 개발 사례가 좋은 본보기이다.

서울 힐튼을 디자인한 건축가 김종성의 생각은 아트리움 공간과 외부 커튼월 시스템은 보존하자는 것이다. 서측 11~12m를 수평 증축해 확장하고, 보관해 두었던 커튼월을 재설치하자는 의견이다. 1983년 준공당시 640실을 200실로 줄인다는 이지스 측의 계획과 관련해서는 3.9m 모듈을 1.5배 모듈 또는 2배 모듈로 변형하여 현시점에 적합한 객실로 변경하고, 잉여공간은 오피스와 표준 객실 6~12개로 묶어서 고급 오피스텔로 만들면 되고, 남은 용적률은 카지노와 호텔 서남쪽 부지에 오피스를 신축하면 된다는 것이다.

원 설계자인 원로 건축가 김종성은 40년전과 달라진 현재의 자유시장 경제 변화에 대해 직시하고 있으며, 매우 구체적인 대안을 제시하고 있다. 그것은 철거와 보존의 양립된 논쟁이 아닌 그 사이의 지점에 대한 것으로 40년전 원형과 새로운 시간의 켜가 만나 그 가치는 몇 배가 된다는 것이다.

여기에 몇 가지 제안한다면 도시 문맥적으로는 남산과의 경관이 열리도록 고층부 매스를 부분적으로 열 수 있었으면 한다. 저층부 아트리움도 서울역 방향으로 더 적극적으로 열어 호텔의 전유물이었던 로비에서 도시 축을 살린 공공의 공간으로 제공되었으면 한다.

서울 힐튼에서 본 풍경과 호텔 객실 내부 〔사진 : 홍재승〕

특히 법과 제도적인 변화가 필요하다. 현재 등록문화재가 되려면 건설, 제작, 형성된 후 50년 이상이 지나야 한다(최기상 의원은 국가등록문화재 기준의 연대하한을 30년으로 낮추려는 노력을 하고 있다). 우리가 지금 이 가능성을 모색하지 못한다면, 수개월 후 소멸된 역사의 잔재 속에 슬퍼한들 소용없다.

건축계에서 급급하게 공론화되는 느낌을 감출 수 없는 것은 왜일까? 개인적으로도 이 부분은 반성하는 대목으로, 김종성 건축가의 제안대로 진행되도록 안간힘을 쓰고 있는지도 모른다. 하지만, 이런 이슈는 한번으로 끝나지 않을 것이기에, 지금 이렇게 논의할 이유와 가치가 충분하다. 건축물 자체의 보존성에 대한 사회적 합의는 당연히 넘어서야 하는 문제이다. 그리고 도시의 맥락과 사회적 역량, 역사 속에 커 온 우리의 시민의식을 한번 믿어본다. 중간지대를 찾는다면 한국 20세기말의 이정표는 21세기에서의 이정표로도 가능하다.

해당 칼럼은 〈컬처램프〉에
2023년 3월 6일 실렸던 글입니다.

건축가 지정우

EUS+ Architects를 건축가 서민우와 공동 운영 중이다. 고려대학교와 숙명여대에서 건축과 디자인을 강의하고 있다. 서울 도심 한복판인 남산 자락에서 나고 자라서 현재도 그곳에서 거주하며 작업중이다. 지난 25년간 서울과 미국 뉴욕에서 건축실무를 하며 주로 공공공간과 복합개발, 마스터플랜 작업을 했고, 미국 아이오와 주립대학교와 신시내티 대학에서 건축과 교수를 역임했다. 2012년부터 서울에서 건축작업을 하며 다음세대를 위한 공간을 그들과 함께 구상하고 설계하는데 초점을 맞추고 있다.

시간복합개발과 도심 시민공간으로의 가능성

지정우

얼마 전 미국 펜실베니아 주에 있는, 건축가 로버트 벤츄리(Robert Venturi)가 설계한 '어머니의 집(Vanna Venturi House, 1964)'에 답사를 갔었다. 실제 생활이 이루어지고 있는 곳이기에 집에서 멀리 떨어진 경계를 넘어서지 않고 정면만 바라보고 돌아서는데 집 안에 계시던 주인께서 어떻게 알고 나와서 손짓을 하셨다. 한국에서 온 건축가라고 인사를 드렸더니 같이 간 아내와 아이를 포함한 우리 가족에게 집 내부까지 설명하며 보여 주셨다. 2016년에 이 집을 구매했다는 집 주인은, 건축된 지 60년 가까이 된 목조 주택이라 많이 낡고 현대 생활이 맞지 않는 부분이 있어도 구석구석 애정을 갖고 원형 그대로 유지하며 생활하고 있었다. 큰 애정이 느껴졌고 원 건축가의 생각을 존중하며 그것을 이방의 건축가에게도 진심을 담아 설명해주고 이 집에 대해서 즐겁게 대화를 나누는 것에, 집의 건축설계를 떠나 문화적 감명을 받게 되었다.

우리 사회에서 건축계의 중요한 이슈는 시민 사회에서는 큰 주목을 받지 못하는 것이 현실이다. 건축 분야의 대중 소통이 부족하기도 하고, 일반 시민들의 건축문화에 대한 이해가 깊지 않은 것도 이유이겠지만 결국은 건축이 가진 문화적 장점을 우리 도시의 일상 생활에서 크게 느낄 일이 별로 없기 때문이 아닐까 한다. 같은 시민들이 바르셀로나를 가면 건축가 가우디에 대해 공부하고 보고 느끼게 되고, 뉴욕에 가서는 가장 최근에 생긴 토마스 헤더윅의 리틀아일랜드까지 찾아가서 어떻게

어머니의 집(Vanna Venturi House)과 현 집주인 〔사진 : 지정우〕

디자인했는지 알아보는 것과는 대조적이다.

우리 도시에서 그런 건축계와 일반 시민 사회의 간극이 갑자기 줄어든다는 것은 현재로선 상상하기 어려운 일이다. 안타까운 점은 그러는 사이, 쉽게 사라져버리는 중요한 도시공간과 건축이 종종 발생한다는 것이다. 한 번 사라져 버린 건축은 되돌릴 수도 기억할 수도 없고, 그것은 건축계의 손실을 넘어 결국 일반 시민들이 생활하는 우리 도시가 점점 얄팍해져 간다는 것을 의미한다. 결국 시민들의 손해가 (비록 눈에 보이진 않아도) 축적되는 것이라고 생각한다.

근현대 우리 건축계에서 중요한 남산의 '밀레니엄 힐튼 서울'(이하 서울 힐튼, 건축가 김종성 작, 1983)의 영업 종료와 복합개발을 위한 철거 위기 상황도 그렇다. 원 건축가 김종성 뿐만 아니라 의식 있는 건축계의 안타까움 속에 있지만, 일반 시민사회와 그들을 상대하여 개발 계획을 세우는 새 주인에게는 잘 와닿지 않는 '고상한 이슈'로 치부되는 듯하다. 한편으로는 건축계에서 이 공간과 이슈에 대한 일반 시민들의 생각을 얼마나 알아보고 이를 고려한 대응을 준비했는지 자문해보게 된다. 서로 바라보는 방향이 다르고 서로 무관심한 사이, 이전의 중요한 도시공간들이 사라졌듯 어느 순간 완전 철거가 진행된다면 큰 손실일 수밖에 없다.

김종성 건축가도 새 개발 계획과 보존 사이에서 서로 윈윈할 수 있는 방안을 적극적으로 개진하고 계시고, 앞선 칼럼에서 건축가 홍재승은 이 이슈에서 개발과 보존 그 중간지대인 '보존지향 개발철학'을 강조하기도 했다. 나는 그에 더하여 '시간복합개발'을 제안하려 한다.

남산의 서울 힐튼이 위치한 곳은 솔직히 대중적인 도시 장소라 보기는 어려운 위치다. 남산 자락 경사지에 위치하여 시민들의 도보 접근성이 떨어지고 바로 인근의 서울역 광장에서도 그 앞의 대형 빌딩인 서울스퀘어(구 대우센터 빌딩) 등에 가려서 시각적 존재감이 떨어진다. 동자동이나 후암동에서 걸어서 접근하는 경우는 거의 없다. 남산 순환로인 소파로에서 차로 접근하거나, 남산 백범광장공원에서 한양 성곽을 따라 걸어 내려와야 존재감이 드러난다. 그나마 고급 호텔이라는 기존 용도 때문에 직접 투숙하거나 호텔 레스토랑에서 약속이라도 있지 않으면 이곳을 직접 경험해 본 시민들(특히 젊은 층)은 극소수에 불과할 것이다. 그러니 시민 사회에서 이 공간에 대한 애정이 있을 리 만무하다는 현실을 인정할 수밖에 없다.

시민들의 경험과 애정 자체가 없다고 새로운 개발만을

위해 쉽게 사라지게 할 수는 없다. 많은 건축가들이 지적한 대로, 도시적으로나 건축적으로도 중요한 자산인데 그 가치를 알릴 기회가 없었던 것이다. 그렇다면 이곳의 새 주인이 세우고 있는 복합개발에 그 자산의 가치를 충분히 고려할 수밖에 없는 상황을 만들어야 할 것이다.

서울 힐튼이 있는 이 주변은 서울에서도 대표적인 '시간성'을 간직한 곳이다. 서울 힐튼을 중심으로 반경 500m정도 안팎에 또 다른 근대 건축물인 서울시교육청 교육연구정보원(구 어린이회관, 건축가 이광노 작, 1969), 남산도서관(건축가 이해성 작, 1964)을 비롯하여 최근 세워진 안중근 기념관, 한양도성유적전시관이 있다. 뒤편으로는 남대문교회, 구 서울역(문화역서울284) 등의 문화 시설이 있으며 서울로, 복합문화공간 피크닉, 회현시민아파트, 남대문시장 등 사람들이 많이 찾는 공간들이 있다. 대부분 과거의 기억을 물리적으로 살리고 보존하거나 개발하여 한양도성과 함께 시민들의 관심이 몰리는 곳들이다. 그 한복판에 위치한 호텔이 개발되며 기존의 기억을 지워버리고 단지 오피스, 상업, 호텔 정도의 복합개발이 된다면 주변 문맥과도 맞지 않는, 지금까지의 서울 힐튼보다 더 이질적이고 관심도가 떨어지는 장소가 될 가능성이 크다.

기존 서울 힐튼이 가지고 있는 풍부한 건축적 자산과 기술적 미적 성취를 적극 활용하여 그 역사가 가진 '시간성'을 더한 '시간복합개발'을 했을 때 새 주인의 경제 논리와 우리 도시 시민에게도 중요한 미래 자산으로 발전할 기대를 해볼 수 있지 않을까. 아무리 잘 디자인된 새로운 건축물이라도 담아낼 수는 없는 지난 40년의 시간성은 개발과 반대 방향에 있다기 보다는 더 사랑받는 도시 공간이 될 수 있다. 사례는 어렵지 않게 찾아볼 수 있다.

개발과 자본 세계의 선두에 있는 뉴욕에서도 대표적 건축으로 불리는 '그랜드 센트럴 터미널(Grand Central)', 역사적 고층 빌딩인 '레버하우스(Lever House, SOM)'나 '시그램 빌딩(Seagram Building, Mies Van der Rohe)' 등이 현대의 빌딩들과 함께 있기에 파크에비뉴가 더욱 깊이를 가진 시민 공간이 되고 있다. 특히 기존의 건물에 더하여 현대적인 증개축으로 성공적인 도시 건축이 된 사례도 많다. 예를 들면 뉴욕의 허스트 타워(Hearst

뉴욕의 허스트 타워(Hearst Tower)

서울 힐튼 주변 풍경

맨 오른쪽 서울시교육청 교육연구정보원, 하얀 지붕의 한양도성유적전시관, 왼쪽 초록 평지붕의 남산도서관이 있고 그 너머로 서울 힐튼이 보이는 전경 〔사진 : 지정우〕

Tower, Norman Foster, 1928 & 2006)는 1920년대의 고전적인 석재건물을 개조하고 총 46층 유리 타워를 증축하여 독특한 정체성을 갖는다.

그런 건축들이 하나 둘씩 쌓여갈 때 개별 개발의 수익여부를 넘어 우리 도시의 다음세대 공간을 기약할 수 있을 것이다. 이번 기회에 남산 서울 힐튼이 갖고 있던 최상의 공간이 더욱 시민에게 다가갈 수 있는 여지를 만들자. 주변의 역사를 품은 지역적 특색을 더욱 발전시켜 미래 서울의 자산이 될 수 있게끔 개발 주체 뿐만 아니라 서울시와 건축계가 지혜를 모으길 기대한다.

해당 칼럼은 〈컬처램프〉에

2023년 3월 28일 실렸던 글입니다.

건축가 오호근

고려대학교 건축공학과를 졸업했고 현재 디엠피건축 Design Principal이다. 주요 작품으로 한강예술섬 공연예술 센터, 세종예술의전당, 부산국제아트센터, 남사도서관, 세종정부청사, 헤이그라운드, 수송 스퀘어, 마루360, 생각공장 등이 있다. 2020년 대한민국 국토대전 국토교통부장관상, 2020년 한국건축문화대상, 2019년 경기도 건축문화상, 2017년 서울특별시 건축상 등을 수상했다.

도시의 정체성을 기록하는 새로운 접근

오호근

지속가능한 도시는 낡은 것을 폐기하고 그 자리에 새로운 것을 만들어가며 끊임없이 변화해야 한다. 그런 면에서 도시는 끊임없이 세포를 대체하고 번식하여 새로운 세대로 진화해 나가는 생명체와도 같다. 그렇게 생명체를 빗대어 생각해보니 변화가 이전의 것을 지우고 완전히 새로운 무언가가 되는 것으로는 의미가 없다. 생명이든 도시든 스스로의 정체성을 유지할 수 있는 무언가를 지키며 변화해야만 그 존재의 가치가 증명되는 것이기 때문이다.

그렇다면 무엇을 지켜야 정체성을 유지하는 것일까. 아니, 질문의 순서가 잘못되었다. 어떤 정체성을 유지하기 위해서는 무엇을 지켜야 하는지 묻는 것이 맞다. 하지만 현실은 그러하지 못하다. 매 순간 당면한 선택은 늘 치밀하지도, 정교하지도 못하다. 그렇게 떠밀리듯 결정된 선택이 사실은 그 존재의 수준이었으며, 결국 그 선택이 누적되어 나중에 드러나고 나서야 그게 무언지, 우리가 어떤 정도인지 알게 되는 것이다.

도시를 변화시키는 모든 선택이 다 마찬가지겠지만 서울 힐튼의 개발을 앞둔 우리의 태도 역시 하나의 시험지가 되어서, 거창하게 말하자면 이 도시의 정체성을 결정하게 되는 중요한 기회를 지나가고 있는 것일지도 모른다.

이 글에서는 건물이나 장소의 가치를 보존하는 다양한 방법 중 건물 그 자체를 그대로 존치시켜 보존하는 접근에 대해서는 얘기하려고 하지 않는다. 이것은 문화재 보호의 수준에서 논의되는 대안이며, 그 필요와 체계에 대해 이미 많은 의견들이 있기 때문이다. 건축가 개인으로서는 건물이나 장소의 어떤 요소를 남겨두고 시간의 결을 덧대어 도시가 시대에 맞게 정체성을 드러내며 변화하도록 제안하는 접근이 흥미롭다. 서울 힐튼의 설계자인 김종성 건축가의 제안과 이 칼럼의 앞선 글에서 홍재승 소장, 지정우 소장의 시각도 그 연속선 상에서 읽어낼 수 있다고 보았다. 무엇을 남겨 어떻게 변화시키는가에 대한 접근은 그 시대를 사는 건축가들의 다양한 상상력과 해석을 통해 시대의 의미를 공유하는 기회가 될 수 있기 때문이다.

한발 더 나아가 건물과 장소를 기록하는 방법에서도 시대의 의미를 덧대어볼 수 있지 않을까. 이를 통해 단순히 기록의 의미를 넘어선 가치를 만들어낼 수 있지 않을까. 이것에 대한 생각이 이번 글의 주된 관심이다.

기록하는 것은 건물의 전체나 일부를 물리적으로 남겨두거나 응용하는 대안에 비해 가장 소극적인 방식일 수 있지만 현실적으로는 여건만 갖추어진다면 의지만으로도 쉽게 가능한 접근이며, 1차적으로 보존의 근간이 되는 중요한 과정이다. 그래서 서울 힐튼에 관한 지난 2021년 11월의 포럼에서 황두진 소장이 이야기한 것처럼 건축가 스스로가 적극적인 아키비스트(Archivist)가 되는 것이 중요한 출발점이다.

기록은 매체를 수반하며 어떤 방식으로 어떻게 기록하는가에 따라 그 의미와 가치가 많이 달라진다. 사실 기존의 아카이빙 방식들은 대부분 매체에 대하여는 크게 의미를 두지 않았기 때문에 '일단 기록하여 남겨둔다' 이상의 활용성을 찾기 어려운게 사실이다. 이래서는 기록이 서고나 컴퓨터 메모리 안에서 유물처럼 묻혀있을 수밖에 없다.

하지만 시대가 변화하면서 기록의 방식과 매체도 새로워지고 있고 그 가능성도 다양해지고 있다. 개인적으로 주목하고 있는 적극적인 기록의 방식 중 하나는 '디지털 트윈'이다. 이 또한 단순히 형태를 모델링하는 것이 아니라 물리적인 원형을 그대로 스캔하여 3차원 데이터로 저장하고, 이 데이터를 가상으로 복제된 도시의 장소 안에 영구적으로 구현해두는 것까지 생각할 수 있다. 이러한 접근이 건축을 가볍게 희화시키는 기술의 과시처럼 보일 수도 있겠지만, 기록을 완성된 건물로서 그대로 보여주고 누구나 가상의 시공간 안에서 언제든지 대면할 수 있도록 한다는 것은 그렇게 가벼운 접근이 아니다. 현재와 평행하게 끊임없이 확장되는 차원이 펼쳐져 가상과 실재의 중첩된 어디에선가 존재를 증명한다는 것은, 그게 무슨 의미인지 아직 아무도 정확히 알지 못하는 것일 뿐이지 이미 벌어지고 있는 현실이다. 그 안에 현재의 도시를 그대로 기록해 둔다는건 어쩌면 그냥 가능하기 때문에라도 해두어야하는 것이기도 하다.

그 기록을 헤드셋을 뒤집어쓰고 가상현실에서 들여다보든, 나중에라도 3D프린터로 일대일 재현을 하든, NFT로 자산화 하든, 다큐멘터리나 드라마의 영상 리소스로 쓰든 그건 다음에 벌어질 다양한 가능성 중 하나이다. 중요한 것은 현실세계의 물리적인 변형은 사실상 비가역적이지만, 디지털 리소스는 가역적인 변형과 소환이 언제든지 가능하다는 본질적인 차이에 주목하여 잠재적 가능성을 열어두는 것이다.

이것을 가능하게 하는 기술은 비교적 최근에 완성되어 이를 통한 기록이 어떤식으로 활용되고 의미와 가치를 부여 받도록 가공되는지는 아직 사례가 많지 않다. 다만 적극적으로 기록되어지고 있는 사례들이 있어 흥미롭게 보고 있다. 대표적으로 서울시립대학교의 황지은 교수가 운영하는 '테크캡슐'에서 도시의 흔적으로 남아야 할 필요가 있는 사라져

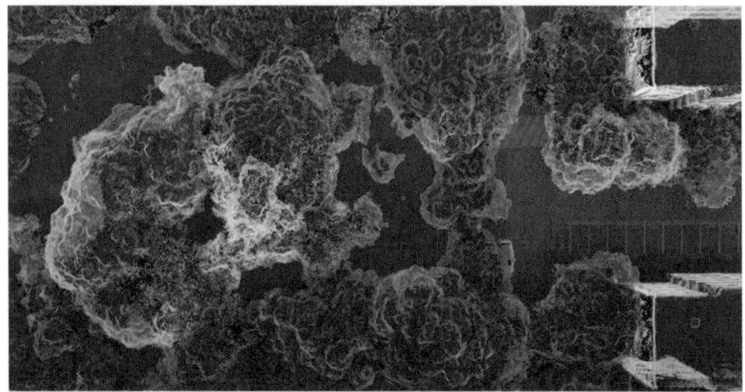

테크캡슐 스페이스모노그래프 '반포주공의 마지막 가을 그리고 봄' 영상 캡처

갈 건물과 도시의 구역을 정해 그대로 3D 스캐닝을 하는 작업을 이어가고 있다.

개발을 앞두고 있는 반포주공아파트도 보존에 대해 논의될 정도는 아니었지만 사실 도시의 정체성을 형성하는 중요한 역사를 거쳐 학술적으로는 관심이 있었다. 대한주택공사가 주도하여 강남개발의 효시가 된 상징적인 곳으로 한국 현대주거사에서는 한 시대의 이정표이기 때문이다. 이 단지는 개발에 의해 완전히 사라질 것이 예정되어 있었기 때문에 '테크캡슐'에 의해 3D 공간 기록화 프로젝트를 오랫동안 공들여 진행했다.

3D 스캐닝은 기술적으로 단순한 작업으로 보일 수 있지만, 그것을 어떻게 가공하고 활용하여 가치를 부여할 것인가에 대해서는 무궁무진한 가능성이 있다. 필자는 우연한 기회에 역동적인 시퀀스를 추출해낼 목적으로 레이싱드론을 통해 반포주공아파트의 현장을 기록하는 작업을 옆에서 지켜볼 기회가 있었는데, 이 작업은 디지털로 기록된 장소가 어떻게 경험될 수 있을지 그 활용을 고민하며 기획된 작업 중 일부였던 것이다. 이러한 경험들을 통해 장소나 공간이 구조적인 대상으로만 남는 것이 아니라, 그 속에 살았던 삶과 이야기를 드러내어 살아있는 그 시대의 모습 그대로 공감될 수 있겠다는 가능성을 보기도 했다.

도시의 삶을 생생하게 남겨 기록된 프로젝트로는 청계천 일대 기록화 작업을 통해서도 흥미롭게 관찰할 수 있다. 이 기록에서는 사라져가는 세운상가와 골목길의 흔적이 3차원의 데이터로 그대로 남겨져 있는데, 청계천 일대의 수많은 오래된 가게의 작은 장비와 창고에 남겨진 오래된 소품까지 생생하게 기록되어 있어 그 시대의 공간을 정서적인 디테일까지 그대로 경험할 수 있다.

이 글은 변화해야만 하는 도시의 정체성을 어떻게 지켜나갈 것인가 묻는 것으로 시작했다. 서울 힐튼 역시 건물 자체를

Title Sequence, 〈See, Saw〉 영상 캡처 (청계천 일대 기록화 작업)

영웅처럼 기념하기 위해 보존하는 것에는 큰 의미가 있다고 생각하지 않는다. 그 장소와 공간이 도시안에서 어떤 방식으로 정체성에 기여했는가, 공동체의 삶과 기억에 어떻게 맞닿아 있었는가를 찾아내야 한다고 생각한다. 해석은 어차피 각자의 몫이다. 여지를 갖고 많은 해석과 풍요로운 시각이 만나 우리가 어떤 모습으로 도시를 바라보아야 하는지 이야기되는 것이 중요하다. 그런 의미에서 서울 힐튼과 그 일대의 도시적 맥락 역시 해석이 개입되지 않는 있는 그대로를 기록으로 남기려는 노력은 의미가 있을 것이다. 이 원형의 데이터는 끝까지 살아 나중에라도 우리를 돌아볼 수 있는 다양한 가치를 만들 수 있기 때문이다.

해당 칼럼은 〈컬처램프〉에
2023년 4월 3일 실렸던 글입니다.

건축가 전이서

㈜전아키텍츠건축사사무소 대표, 성균관대학교 건축학과 겸임교수. 전시기획자, 작가로 활동하고 있다. Graduate School of Architectural Planning & Preservation, Columbia University, US에서 MSAAD, 연세대학교 대학원 건축공학전공으로 졸업했다. 서울시와 세종시 행복청의 공공건축가로 활동 중이며, 2017~2020년 한국근대건축보전연구회 Rebirth Design 총괄코디네이터, 2015년 예술문화채널 A&C방송 〈건축을 만나다〉의 객원 진행자였다. 2022년 '다함께 누리봄 키움센터'로 대한민국공간문화대상 문체부장관상과 2023년 IF international design award Gold Award를 수상했다. 2019년 새로운 한국공동주택 Linkage Village 제안이 서울시 고덕강일 10블럭에 당선하여 2024년 서울 '어반브릿지' 이름으로 준공예정이다.

Demolish? or Not?

전이서

'Demolish? or Not?'

이것은 필자가 2008년 미국 컬럼비아대학교 건축대학원에 다닐 적, 보존(Preservation) 과정 수업의 첫 질문이었다. 길게 돌아갈 것도 없이 바로 '부술까? 말까?'라는 첫 질문에 당황했었다. 그러나 보존의 문제에서 궁극적으로 도달하는 것은 '부술까? 말까?'이니 건축물의 보존에 대한 경험이 쌓일수록 이 강력한 질문이 바로 그 시작이 되는 것에 수긍이 간다.

오래된 건축물을 '보존할 것인가? 없앨 것인가?'에 대한 결정에는 생각보다 첨예한 문제들이 충돌한다. 건축물의 보존을 결정하는 과정은 건물자체의 수명, 성능의 정도, 역사성, 경제성, 사회적 가치 등을 고려하여 정합성을 찾는 과정이다. GSAPP(Graduate School of Architecture Planning and Preservation , 미국 컬럼비아 대학교 건축대학원)의 보존 수업은 테오도르(Theodore H. M. Prudon) 교수에 의해서 주도되었고, 건축대학원의 설계를 하는 디자인과 학생과 보존 역사(Preservation History) 연구 학생과 한 팀으로 답을 찾아가는 형식을 취했다. 지금 생각하면 컬럼비아대학교 안에 건축대학원 이상으로 유명한 비즈니스 스쿨(Business School)이 바로 옆에 있었는데, 비즈니스 스쿨 학생 한 명을 더해 그 프로젝트를 진행했었다면 현대건축의 보존과 지속의 문제 있어서 가장 크게 충돌이 발생하는 경제성을 중요하게 다뤄볼 수 있었지 않았을까

서울 하얏트 호텔 (1978년 완공)

서울 프라자 호텔 (1976년 완공)

한다. 더불어 현대 건축물 보존의 건축적 이슈와 관련해서 예비전문가들이 첨예하게 토론하고 경험해보는 과정을 통해 각 분야의 관점에서 중요사항을 크로스 체크해가며 작금의 자본주의 시대가 요구하는 복합적이면서도 실질적인 문제 해결을 찾을 수 있었지 않을까 한다.

그들은 왜 모였을까?

지난해 한국 건축계는 이례적으로 하나의 건축물의 철거 결정을 두고 한자리에 모였다. 이 행사는 한국건축가협회, 대한건축사협회, 새건축사협의회, 건축학회, 근대건축보전연구회 등 건축 관련 9개 단체가 공동기획하고 건축가, 역사학자, 비평가 등 다양한 전문가들이 모여 하나의 건축물을 두고 논의하는 대대적인 행사였다.

이 건축물의 주인공은 김종성 건축가가 1978년 초 설계를 시작하여 1983년 12월에 완공한 '서울 힐튼'이다. 역사 속의 공공건축물들은 그 철거나 보존에 관해 논의가 되는 경우 많으나 사유재산인 호텔이 그 철거와 보존의 문제에 이렇게 대대적으로 건축계가 나선 경우는 없었다. 그만큼 서울 힐튼은 한국인 건축가가 설계하고 한국인의 기술로 만들어낸 현대식 호텔로 1945년 광복과 1950년 6.25 전쟁 후 겨우 33년 만에 만들어낸 한국건축사적인 면에서 의미가 있는 건축물이다.

한국에 5성급 호텔이 그리 많지 않았던 1980년대 나의 눈에 들어온 호텔은 남산 꼭대기의 하얏트 호텔, 남산 중간 자락의 서울 힐튼, 시청 앞의 프라자 호텔과 롯데 호텔, 그리고 장충동의 서울 신라 호텔과 타워 호텔이었다. 경관이 중요했던 호텔들은

서울 신라 호텔 (1979년 완공)

서울 타워 호텔 (건축가 김수근, 1967년 완공)

남산을 중심으로 주로 세워졌다. 이 중에서 남산 꼭대기의 하얏트 호텔과 시청 앞의 프라자 호텔은 도시 경관 측면에서 늘 논란의 중심에 있었다. 남산 절경에 절벽처럼 서 있는 하얏트 호텔은 안에 있는 사람들은 좋겠지만 남산 자락에 떡하니 앉아있는 형상이 비판의 대상이 됐다. 프라자 호텔은 시청을 마주하고 있고, 광화문을 바라보고 있다 하여, '어찌 호텔이 이렇게 중요한 자리에 있느냐?'면서 도시 경관, 역사학자들 사이에서 끊임없이 철거 논란이 있었다.

서울 힐튼은 그러한 경관적, 역사적으로 신랄한 비난의 대상은 아니었다. 비록 서울 힐튼도 그 자리에 그렇게 호텔이 앉을 수 있었다는 것은 당시 정경유착이 아니었다면 불가능하지 않았겠냐는 의견도 있지만, 적어도 공공의 객관적 비판의 대상이 될 만큼 무리하게 앉아있는 건축물은 아니다. 남산을 품듯이 바라보고 있는 배치는 22층의 건물이 남산의 높이를 누르지 않은 형상을 취하고 있다. 그래서 잘 보이는 호텔이 아니다 보니 하얏트 호텔보다 인기가 없었는지도 모른다. 그런데 아이러니하게도 공공의 관점에서 심하게 비판받았던 하얏트 호텔이나 프라자 호텔은 건재하다. 건재하다 못해 나날이 사람들이 더 자주 찾는 호텔이 되었다. 이 두 호텔의 건축적 완성도나 도시적 가치는 떨어져도 서울을 보기에 너무도 좋은 자리기 때문이다. 공공성이 담보되어야 할 자리에 자신들의 입장에 유리하게만 앉아있는 두 건축물은 그 장소의 유리함으로 인해 사람들이 많이 찾는 곳이 되어 잘나가는 호텔로 성황을 이루며 건재한 것이다.

두 호텔보다도 가장 건축적 완성도가 높은 서울 힐튼은 원주인이었던 대우가 망하면서 사양길을 걷게 되었다. 1차 매각되면서 호텔운영이 어려워졌고, 결국 2021년 12월 부동산 자산운용사(이지스자산운용)가 1조원 가량에 인수하면서 서울 힐튼은 철거의 운명이 결정되었다. 역사성, 경관성, 도시성보다 우선은 역시 경제성이란 말인가? 씁쓸한 대목이다. 다른 한편으로 지난 세월 버텨왔던 주요 호텔들의 존속을 보면, 원주인이 살아있었다면 서울 힐튼의 운명은 지금과 같지 않았을 것 같다. 시초를 만든 사람들은 그 애정이 다르기 때문이다. 여기에 시대가 변하면서 사업성을 좌지우지하는 법적인 용적률이 높아진 것도 이유가 된다. 그러나 남산 경관을 볼 때 지금도 높은데, 그곳에 그 높은 용적률을 적용할 더 높고 더 넓은 건축물이 앉아야 하는 이유는 더더욱 찾기 어렵다.

가치 매김은 미래에 대한 예측이다

21세기 현대사회에 있어 건축물의 존속 여부는 특히나 그것이 사유재산이면서 상업적 성격이 강할 때 그 건축물의 가치는 경제적 논리에서 벗어나기 어렵다. 경제적 논리 앞에 역사성도, 사람들이 가지는 감성적인 가치도, 공공성도 무력해 진다. 냉혹한 숫자의 이득 앞에 건축물 자체가 가지는 가치는 한없이 작아질 수 있다. 그러나 이 와중에 우리가 놓치는 것을 생각해 볼 일이다. 모든 가치는 예상, 예측이다. 수익의 숫자도 결국 예상가격이다. 주식도 결국 미래가치를 점쳐서 사고판다. 그렇다면 서울 힐튼이 철거됐을 경우 우리가 놓치는 미래의 부가가치는 없을까?

부가가치를 끊임없이 생성하는 건축물들

지금 눈에 보이는 숫자의 이득 외에 다른 부가가치를 끊임없이 생성하는 건축물들이 있다. 2007년 유학차 뉴욕에 갔을 때 맨해튼의 그랜드 센트럴 터미널에 들어선 순간 느꼈던 그 감동은 잊을 수가 없다. 1900년대 초 역사 속으로 나를 이끌었던 그 아름다운 홀에 매료되어 기차를 탈 일이 없어도 유학하는 동안 자주 그곳에 갔었다. 그랜드 중앙 홀이 한눈에 보이는 2층 메자닌층에 있었던 스테이크 집은 가난한 유학생 가족이 그나마 근사한 공간에서 누리는 맛있는 스테이크를 먹을 수 있는 곳이었다. 그때 세월의 빛이 가득한 공간이 주던 맛은 그 어떤 새 것으로도 채우지 못하는 맛이었다. 이 터미널도 분명 더 많은 이용자를 위해서, 더 많은 라인을 수용하기 위해 변형과 수정 논의가 있었을 것이다. 그러나 예전 모습을 간직한 역은 아름다운 공간 하나로 몇 년을 살다가는 유학생에게도, 단 며칠을 여행하는 여행자들에게도 맨해튼의 역사를 전한다. 그 시절로 잠깐 갔다가 오는 환상특급만큼 강력하게 역사를 전할 수는 없다. 그 어떤 새로운 건축물이 이것을 대신할 수 있겠는가? 그리고 사람들은 그 시절에 이만큼의 건축물을 만든 실력에 그 나라의 국력을 감지한다는 사실에 주목할 필요가 있다.

뉴욕 맨해튼의 지하철은 정말 더럽고, 좁고, 더욱이 위험해 보이기까지 한다. 그러나 그들은 그대로 유지한다. 처음에는 이해를 못 했다. 그러나 지내고 보니 그 기저에는 100년이 넘는 지하철의 그대로 드러낼 수 있는 자부심과 우월함이 있었던 것 같다. 뉴욕의 지하철은 1904년에 만들어졌다. 세계최초의 지하철이 1863년의 런던의 것이지만 많은 사람에게 쉽게 연상되는 가장 오래된 지하철은 단연코 뉴욕의 지하철이다.

그랜드 센트럴 터미널 (1903년 완공)

펜실베이니아역이 완전히 철거된 것을 본 시민들의 항의와 대법원의 전례없는 보존 판결로 펜 역과는 달리 무사히 보존되었다. 미국 철도의 전성기에 지어진 역답게 웅장한 건물로, 천장 벽화를 복원해두고 내부 분위기도 30년대처럼 잘 꾸며두었다.

오래된 지하철은 그 도시의 힘을 보여준다. 그 세월의 힘이 지니는 부가가치가 새롭고 반짝이며 날아가는 지하철보다 크다. 뉴욕에 다녀온 여행자들은 자신들의 나라보다 훨씬 앞서서 운행되던 지하철을 그대로 느끼며 그 자체로 자신들의 나라보다 앞서 선진화되었던 도시를 본다. 이보다 더 좋은 문화적 우월함을 전할 방법이 또 있을까?

혹자는 기차역이나 지하철은 도시의 공공시설이기 때문에, 사적인 건물과 비교 대상이 될 수 없다고 할 수 있다. 그렇다면 뉴욕의 엠파이어스테이트 빌딩은 어떤가? 맨해튼에는 이 빌딩을 넘어서는 더 높은 빌딩도, 더 현대적인 건물이 줄줄이 세워져

왔고, 지금 엠파이어스테이트 빌딩을 허물고 짓는다면 기능성도, 수익성도 더 높일 수 있을 것이다. 그러나 가보지 않은 사람들조차 뉴욕 하면 떠오르는 이름, 엠파이어스테이트 빌딩은 미국이 여전히 자랑할 만한 그 시대의 초월적인 기술력을 대표하는 뉴욕의 상징물이다.

그 나라이기에 그 환경이기에, 기적이 될 수 있는 건축물들

초등학교 시절 건축이라는 교육은 물론 정보도 없던 필자의 눈을 사로잡은 현대식 빌딩이 있다. 그 하나는 삼일 빌딩이고 다른 하나가 서울 힐튼이었다. 이 검은 두 금속건물에서 어린 시절의 나는 '현대성'을 보았다. 마치 몰랐던 미래세계를 열어주는 듯한 느낌말이다. 좀 더 성장한 후 관심사이던 건축물의 정보 찾기에서 두 건축물이 한국인 건축가에 의해서 설계되었고, 그 어려운 시절 자국의 기술력으로 지어진 빌딩이라는 것을 알게 되었을 때 이 두 건축물은 내게 한국인이란 자긍심마저 안겨주었다.

얼마 전 삼일 빌딩은 개보수를 거쳐 원형을 유지하면서 새롭게 태어났다. 한참 세월이 더 흐른 뒤에 '100년 전 한국의 기술'로 만들어낸 고층빌딩 금속외장을 누구나 만져볼 기회를 준다는 것은 얼마나 매혹적인가. 그 촉감에서 사람들은 상상할 것이다. 1970년대의 한국의 현대건축의 고층빌딩 첫 시작의 위용을.

다른 한편 서울 힐튼은 건물의 성능에 문제가 있어서가 아니라 프로그램 즉, 더 많은 수익을 내고자 철거가 결정되었다. 여기에는 용적률이 높아진 현재의 법도 한몫했다. 그러나 남산을 보자면 현재 서울 힐튼도 가로막고 있다고, 높다고 하는 마당에

삼일 빌딩 (2020년 리모델링 완료)

더 높고, 더 많은 용적률의 건물이 들어서는 것이 과연 옳은 일일까? 다행히도 서울 힐튼의 원 설계자인 김종성 건축가가 아직 살아있다. 서울 힐튼은 세워진 지 올해로 40년이다. 그 세월 속에 원 설계자는 이 건축물에 대한 수많은 복기가 있었을 것이다. 더욱이 작금의 수익률을 높이기 위한 건축물의 필요 요청이 들어왔다면, 기존 건축물을 고려해 더 나은 방법으로 생존 연장이 되는 유효한 계획을 세울 수 있었을 것이다. 그 세월만큼 그곳을 보고 그려보았던 그만큼 가장 잘 아는 건축가 있을까? 그곳의 여전히 유효한 것은 무엇인지? 온전한 보전은 아니더라도 그 시대의 것이어서 가치 있는 부분을 살리면서 새롭게 태어날 방법을 너무 일찍 저버린 것은 아닐까? 누군가는 그럴 것이다. 서울 힐튼이 그럴만한 가치가 있느냐? 라고. 만약 서울 힐튼이 같은 시기인 1970년 맨해튼에 지어있었다면 그 가치는 크지 않을 것이다. 그러나 35년간의 일제강점기를 거쳐 1950년엔 전쟁까지 치른 나라에서 자국의 기술로 전후 30년 만에 만들어낸 건축물이 그 정도의 완성도를 이루어내었다는 것은 다른 이야기이다.

한국이 보여준 발전 속도는 그 자체로 '놀라운'이란 단어가 떠오른다. 1980년대 대학을 다녔던 필자는 이렇게 한국이 빠르게 발전할 줄 몰랐다. 그중에서도 서울은 놀라운 속도로 변화한 도시이다. 1945년 광복 78년 만에, 1950년 전쟁의 폐허 73년 만에 이런 도시발전 속도는 거의 미친 수준이라고 해도 과언이 아니다. 그러나 모든 '미침'에는 부작용이 따르듯, 서울이라는 도시는 새로움을 쫓아 끊임없이 부수고 짓는 부작용을 안고 있는 도시이기도 하다. 어찌 보면 욕망의 속도를 따라잡기 위해 우리는 미래에 더 가치가 높아질 것들을 무참히 부수고 있지 않은지 돌아봐야 할 시기이다. 그 선별의 과정은 고도의 노력과 검토 그리고 의견의 수렴에 많은 시간이 필요함에 진행 주체는 당장은 손해라 할 것이다. 그러나 수익의 예측에서 과연 후손들이 자긍심을 가질 수 있는 것들의 가치를 그리 쉽게 버려도 될 만한 것이지 다시 한번 계산기를 두드려봐야 하지 않을까? 수익의 기본은 더 많은 사람이 그곳을 찾을 때 오는 것이다. 이제야 더 많은 사람이 누릴 시기가 기다리고 있는데, 무엇을 지키고, 무엇을 버려야 하는지 신중한 고려가 절실히 필요해 보인다.

해당 칼럼은 〈컬처램프〉에
2023년 4월 9일 실렸던 글입니다.

유에서 무로 돌아가기에 앞서

PART ②
좌담회

[김종성] 서울 힐튼이 말하다

[우대성, 홍재승, 지정우, 오호근, 전이서] 좌담회

좌담회 현장 사진 〔사진 : 송인호〕

'서울 힐튼의 문화적 가치 보존을 위한 건축가 김종성과의 만남' 좌담회가 2023년 4월 12일 10시부터 100분동안 정동 프란치스코회관 410호에서 열렸다. 좌담회에는 건축계 원로, 한국건축가협회 천의영 회장 등 임원진, 새 건축사협의회 임형남 회장 등 임원진, 건축가들, 건축과 교수, 관련 업계 인사들, 그리고 건축 전공 학생들이 참가해 보존에 대한 관심과 지지를 입증했다.

① **1번 사진** 〔출처 : 김종성〕

한양도성이 현 호텔빌딩에서 가장 가까워서 고도제한이 설정되지만, 현 호텔 빌딩 서쪽으로 신축되는 부분은 문화재청과 협의하여 고도제한을 110 m 정도까지 완화 하여 현 호텔의 일부를 보존하기 때문에 개발업자가 부담하는 "손실"을 보상해 주는 방법을 제안함.

현재 양동지구 계획에는 포함되지 않은 주거용도를 일부 허용 할것을 건의함. 이 제안은 800% 허용 용적률 에서 250% 내외 주거용도 (아파트) 를 도입함 으로서, 호텔 객실층이 최소한의 구조변경으로 고급 아파트로 개조가 가능함을 제안하는것임.

힐튼호텔 부지 재개발에서 "일부 보존 " 때문에 충족 못하는 용적률을 "공중권 AIR RIGHT" 개념을 적용하여, 구 대우재단 및 남산 타워 부지의 재건축 때에 사용토록 서울시가 권장할것을 건의함.

② **2번 자료**

서울 힐튼이 말하다

김종성

'서울 힐튼이 말하다'는 제목으로 이야기를 시작해보겠습니다. 원래 제목은 '철거와 보존 사이'였는데요. 그러니까 제가 이야기하는 것은 다 철거하는 것도 아니고 다 보존하는 것도 아니라는 것을 강조하고 싶습니다. 보존을 한다는 것은 자칫하면 재산권 행사를 침해할 수 있다는 의구심을 가지실 수도 있기 때문에 이야기에 앞서 서울 힐튼의 모든 것을 전부 보존하자는 뜻이 아니라는 것을 먼저 말씀드리고 싶습니다.

먼저, 이 사진①을 보며 함께 말씀드릴 것이 있습니다. 남산을 바라보고 있는 것은 이쪽입니다. 그런데, 이 자료②를 보시면 나중에 복원된 한양 성곽의 고도 때문에 현재 건물보다는 순환도로를 우회해야 해서 더 높아질 수는 없습니다. 때문에 문화재 당국과 서울시가 이에 대한 허가와 조율을 해 준다면 새로 개발할 때 고도 제한을 현재 90m에서 110m정도까지 완화할 수 있을 것입니다. 이 부분을 먼저 제안하고 싶습니다.

더불어 기존 서울 힐튼에서 보존하고 싶은 것은 무엇인가 하는 문제가 남았는데요. 크게 말하면 네 가지 재료로 마감된 18m 높이의 로비 공간③입니다. 벽의 오크 파넬, 바닥의 트래버틴, 구조재에 쓰인 조각처럼 짙은 브론즈, 그리고 녹색 대리석이죠. 그렇게 네 가지 재료로 구성된 로비를 살리기 위한 방식으로 하나의 예를 들어 보겠습니다.

뮌헨에 퓐프 회페(Fünf Höfe)④라는 헤르조그&드 뫼롱(Herzog&de Meuron)의 작품이 있는데요. 미로처럼 구성되어 있으면서 옛날 구조물로부터 새롭게 연결되는 기능들이 공공 영역을 같이 쓰도록 되어 있습니다. 이전 건축물과 새로운

③ 로비공간 사진

오크 패널, 트래버틴, 브론즈, 녹색 대리석 네 가지 재료로 마감된 18m의 로비 공간 〔출처 : 청암아카이브〕

④ 퓐프 회페(Fünf Höfe) 〔출처 : www.herzogdemeuron.com〕

건축물이 하나의 공간으로 여겨지면서 또다른 정체성을 갖게 되는 것입니다. 저는 이런 방식을 제안하고 싶습니다.

한편, 서울 힐튼을 머리에 그려 보시면 오른쪽에 오크 파넬로 되어 있으면서 폐쇄된 부분이 있죠? 그곳이 볼륨 윗부분의 벽인데요, 새로 짓는 건물의 입구가 되는 것이 아닐까 싶습니다. 마찬가지로 포시즌스 식당도 오크 파넬로 되어 있는데요. 그쪽은 부지가 조금 협소하지만, 신축될 건물의 진입은 결국 메인 스페이스에서 서로 들어갈 수 있도록 하는 것이 좋겠다는 생각을 하고 있습니다.

서두에 말씀드린 것처럼 한양 도성에서의 앙각이 있죠. 지금 건물은 그것을 부분적으로 저촉을 할 텐데 지어 놨으니까 아마 지금 자르지는 못할 것입니다. 오히려 거기서부터 서서히 앙각이 올라가게 되니 지금 서울스퀘어 쪽으로 가면 아마 계속 올라갈 수는 없을 것입니다. 때문에 현재 90m로 돼 있는 것을 110m 정도까지 완화시켜 준다면, 개발 업체의 이익 창출에도 도움을 줄 수 있을 거라 생각합니다.

그 다음으로 용도의 문제인데요. 지금은 양동지구의 주거용도 총면적이 묶여 있기 때문에 아파트가 더 들어갈 수 없다고 알고 있습니다. 그런데 현 건축법이 변칙적으로 상업지역에 오피스텔 용도를 상업시설로 허용하는데요. 이를 조금 더 완화해서 주거 용도를 조금 더 늘리면 좋겠다는 생각을 합니다. 서울 힐튼의 경우 지금 350% 용적률에 한 180% 정도만 객실층입니다. 다른 것은 전부 공공 용도이고요. 그러니 객실층 정도의 면적이라도 주거 용도로 허용을 한다면 좋겠습니다. 현재 양동지구의 용도 배분을 조정(규정을 완화)해서 주거 용도를 조금만 증가시켜주면, 제일 비파괴적인 변형이 가능하지 않을까 생각합니다.

예컨대 지금의 객실층에 엘리베이터 로비가 한 네 개 정도가

감종성 건축가 발표 〔사진 : 송인호〕

더 생겨서 올라간 후, 양쪽으로 주거에 들어갈 수 있다면 우리에게 상당히 익숙한 형태의 주거가 생길 수 있는 것이지요. 이를 위해 정부 당국에서 필요한 조치를 해준다면, 개발업체로서는 이익을 창출하는 데에도 도움이 될 것입니다.

다음에 양동지구를 보면, 옛 대우 재단 빌딩과 SK 그린 빌딩, 그리고 옛 GS 빌딩이 있죠. 그 건물들 모두 크기가 작기 때문에 용적률을 부지 단위로 보면 더 지을 수가 없는 공간입니다. 그러나 양동 전체를 고려한다면 조금 더 올라가는 게 맞다고 생각합니다. 예를 들어서 옛 GS 빌딩이 아마 20층 정도일 텐데요. 그 건물이 적어도 35층 정도는 되어야 하지 않을까 하는 생각이 들어요.

지금 서울 힐튼을 매입한 개발 업체가 현재 부지에 국한시켜서 800%로 끊지 말고 지금 서울 힐튼 부지를 개발하고자 하는 주체가 공중권을 활용할 수 있는 조치를 해 주시는 것이 가장 좋지 않을까 생각합니다.

더불어, 서두에 꼭 말씀드려야 할 것이 있습니다. 서울역 앞 8차선 도로는 언젠가는 지하화가 되어야 한다고 생각합니다. 그렇다면 이제 지상은 공원 성격을 띠게 될 텐데요. 그럼 현재 업무용 건물들의 성격이 바뀌면서 더욱 개방되고 투시가 되는 등의 변화가 있어야 할 것입니다. 때문에 지금 건물 3~4층 높이에서 서울 힐튼의 1층까지 경사의 높이 차이를 극복할 수 있는 적극적인 수단을 고려해보는 것도 좋겠습니다.

이 대안은 현재 서울 힐튼을 매입한 업체에게만 주어진 임무가 아니라, 현재 서울스퀘어의 주인들, 그리고 조금 더 큰 안목으로 양동을 한 덩어리로 보는 주민들, 더 나아가서는 우리 시민 전부를 위해 서울시가 고민해 보면 좋을 방향이라고 생각합니다.

정리하면 서울역 앞의 전면 도로를 지하화하고, 지상으로 생기는 공원 부지에서부터 서울스퀘어를 개방하며 투시가 되고, 여기서부터 서울 힐튼 부지까지 연결시키는 데에도 어려움이 없도록 하는 조치가 필요한 것입니다.

저의 서두는 이렇게 매듭짓겠습니다.

좌담회 현장 사진 〔사진 : 송인호〕

좌담회에 들어가며

우대성 (진행) 작년부터 여러 단체에서 많은 분들이 서울 힐튼 보존에 대한 목소리를 내어 주셨습니다. 그 목소리에는 서울 힐튼이 우리 시대에 어떤 의미를 가지는지, 그리고 그 가치가 무엇인지에 대한 이야기들이 들어 있었습니다.

이제 서울 힐튼은 영업을 종료했지만, 여전히 건축은 그대로 그 자리에 있습니다. 그렇다면 시간이 지난 지금, 다시 이 이야기를 왜 하게 되었냐는 것이 어쩌면 오늘 이 자리의 핵심일 텐데요.

무엇보다도 건축 설계를 하셨던 김종성 건축가가 이 자리에 계신다는 것이 가장 핵심입니다. 함께 참여하신 패널들의 질문들을 통해서 김종성 건축가의 목소리를 더욱 가까이 들을 수 있다는 것이 의미가 있을 것입니다.

그리고, 평일 이 시간대 이 자리에 많은 분들이 와 계신다는 사실도 의미가 큽니다. 대체 이 건물에 어떤 의미가 있길래 이토록 많은 사람들이 관심을 가지고 자기 시간과 에너지를 써서 이 자리에 모이게 되었을까요? 이 좌담회에서 나누는 이야기 외에도 서울 힐튼에 대해 관심을 가지고 있는 많은 사람들의 응원과 격려가 있다는 것, 그 모든 것들이 이 자리에 함께 모였다는 것 자체가 매우 큰 의미로 다가옵니다.

사실 라마다 르네상스 호텔, 그리고 제주 칼 호텔, 리츠칼튼 호텔 등 호텔 철거에 관한 많은 역사가 있는데요. 유독 서울 힐튼에 대해서 많은 분들이 이야기를 하는 것은 앞서 언급한 경우들과는 다른 성격과 의미가 분명히 있기 때문이라고 생각합니다.

오늘 패널로 참여해 주신 분들께서는 그 사이에 서울 힐튼 보존 또는 서울 힐튼의 기록, 나머지의 성격에 대해 각자 연재를 해 주셨습니다. 패널분들이 각자 어떤 안목을 가지고 서울 힐튼을

라마다 르네상스 호텔

1988년 올림픽이 열리던 해에 개관한 르네상스 호텔은 강남에 위치한 특급 호텔로서 과거 강남의 랜드마크였고, 고(故) 김수근 건축가의 유작으로서 건축적 가치가 인정되어왔다. 2016년 10월 철거된 뒤, 2021년 '센터필드'라는 이름의 복합시설로 다시 지어졌다. 르네상스 호텔의 철거와 센터필드 개발은 이지스자산운용이 총괄했다.

제주 칼 호텔

1974년 개관한 제주도 5성급 호텔. 2014년 롯데시티 호텔이 개관하기 전까지 제주도에서 가장 높은 건물이었다. 코로나19 사태와 호텔의 노후화로 수익 악화가 지속되어 2022년 3월 31일에 영업 종료하였고, 2022년 4월 30일에 폐업했다.

리츠칼튼 호텔

리츠칼튼 호텔은 1995년 개관한 류춘수 건축가의 작품이다. 오픈 당시 강남의 특급 호텔로서 주목받았으며 1995년 한국건축문화대상 입상한 작품으로 유명하다. 이후 대규모 리모델링을 거쳐 2017년 9월에 르 메르디앙 서울로 재오픈하였으나, 2021년 2월 영업이 종료되었다. 기존 건물을 부수고 31층 주상복합 건물을 새로 짓는다는 계획이다.

바라보고 있는지, 그 이야기를 들어 보고 동시에 김종성 건축가께 질문을 하고 답변을 들을 수 있는 자리가 되면 좋겠습니다. 먼저, 기존 지면으로 '문화적 감명 그리고 경험의 공유에 대한 이야기'를 써 주신 지정우 건축가의 이야기를 들어보도록 하겠습니다.

문화적 감명 그리고 경험의 공유에 대한 이야기

지정우 저는 건축가이자 서울 힐튼이 있는 지역에서 태어나고 성장을 했던 시민의 입장에서 서울 힐튼에 대해서 관심을 갖고 바라보고 있는데요. 사실 많은 시민들이 서울 힐튼의 존재에 대해서는 인식을 하고 있지만, 그 공간을 직접 경험했던 시민들의 비율은 별로 많지 않을 거라고 생각을 합니다. 왜냐하면 원래 건물의 속성 자체가 호텔이라는 공간이기 때문에 단순한 퍼블릭 공간으로서 접근성이 뛰어났던 공간은 아니었던 것 같아요.

물론 현재 여러 가지 상황들이 바뀌는 와중이기 때문에 그 기능도 바뀌게 될 것이라 생각합니다. 서울 힐튼 앞에 있는 서울 성곽의 경우도 다시 리스토레이션 되면서 그 일대에 다른 1960년대, 1970년대 건물들이 많이 사용되고 있는데요.

예를 들면 훨씬 더 험블한 컨디션이긴 하지만 문화 공간인 '피크닉'도 있고요. '회현시범아파트' 같은 경우는 여전히 영화 등에서도 활용이 되고 있고, 지금 서울시교육청에서 쓰고 있는 '구 어린이회관' 같은 건물이나 '남산교육도서관' 같은 경우에도 여전히 생명력 있게 시민들의 접근성을 확대해 가면서 사용이 되고 있다고 보여집니다.

그리고 서울 힐튼이 마주하고 있는 소월길과 후암동 같은

회현시범아파트

회현제2시범아파트는 1970년 5월에 완공된 시민아파트로, 우리나라의 초기 아파트 가운데 현재까지 남아 있는 드문 건축물이다. 1970년대에 각종 드라마와 영화의 배경이 되었고, 사진가들의 출사 장소로도 유명하였다. 현재 노후로 인한 안전문제로 주민 퇴거가 진행중이다.

피크닉

과거 제약회사의 사옥이었던 건물을 리모델링해 2018년 새롭게 문을 연 복합문화공간이다. 각 분야의 전문가가 참여해 공간의 면면을 찾아가는 여정이 흥미롭다.

지역들은 사실 이태원에서부터 시작한 어떤 상업적인 움직임들이 확대가 된 곳이기 때문에 더욱 시민들의 생활권으로 다가오는 위치에 있다고 생각을 합니다. 때문에 서울 힐튼 부지는 단지 상업적인 복합 개발만으로 만들어지기 보다는 서울역에서부터 이어지는 중요한 미래 서울 도시 공간이 될 가능성이 크다고 생각합니다.

아마 이후에도 말씀이 나오겠지만, 작년에 관련 공모전의 학생들이나 실무 건축인들의 제안에서도 실제 단일 건물 너머에 여러 가지 가능성을 제안한 사례들이 있었던 것으로 기억합니다. 아까 김종성 건축가가 발표를 해 주셨던 것 중에도 포디움 부분에 있는 보존해야 될 부분들이나 타워 부분의 앙각 등을 고려한 제안을 해 주셨는데요.

건축계 안에서 많이 언급되어 온 것 같이 당시 기술적, 재료적, 장인적 성취 못지않게 서울 힐튼의 공간감은 서울 내에서 유일무이한 장소성을 형성하고 있습니다. 이 좌담회가 벌어지는 곳에서 멀지 않은 또 다른 김종성 건축인 '서울역사박물관'도 갈 때마다 우리의 공공 뮤지엄 중에서 가장 격이 높은 디테일과 공간감에 즐거운 것과 비교할 수 있겠습니다. 그러나 서울 힐튼은 지금까지는 호텔이라는 특성 때문에 전면 광장은 자동차 드랍 오프로, 후면 조경은 대우 센터 빌딩에 막힌 호텔의 후정 역할에 그치고 있었음이 아쉬웠습니다. 즉, 내부의 공간감이 시민들과의 접점이 없었다고 할 수 있겠는데요.

물론 도시적, 시대적으로 비교하기 어렵겠습니다만 뉴욕 파크 에비뉴의 시그램 빌딩이나 레버하우스, 혹은 시티코프 센터나 링컨 센터 등은 원 설계뿐 아니라 보수나 리모델링을 거쳐오면서 그 클라이언트뿐에게만이 아니라 도시 공간으로의 가치로 시민들에게 다가가기 때문에 사랑을 받아오고 있습니다.

레버하우스

레버하우스는 건축사적으로 두 가지 점에서 중요하다. 첫째는 뉴욕 최초의 글래스커튼월 고층빌딩(24층)이다. 유리커튼월 외벽을 쉽게 청소하도록 옥상 곤돌라도 설치했다. 둘째로 타워 밑부분의 포디움(podium·기단)을 필로티로 처리해 시민들에게 지상층을 내줬다. 정원이 조성되었고, 유명 작가들 조각품도 전시됐다. 공용 광장을 뉴욕시에 제공한 대신 고층빌딩에 적용되는 셋백(사선제한)이 완화되어 타워를 올릴 수 있었다. 〔출처 : watermanCLARK〕

즉 그러한 많은 'Great Place'를 가진 도시로서 뉴욕이 사랑받게 되는데 건축가의 설계가 일조하는 것이 부럽습니다.

어쩌면 서울 힐튼이라는 정체성이 사라진 지금, 앞서 언급한 뉴욕의 건축들처럼 격이 있는 서울 힐튼 원 건축을 좀 더 시민에게 다가가게 할 기회로 적극적으로 제안해야 하지 않나 싶고, 그런 점에서는 서울 힐튼의 '포디움'과 '타워' 부분을 나눠서 전략적으로 대응할 필요가 있다 생각이 들기도 합니다. 즉, 호텔 '포디움'에서 도시 'Great Place'로의 변화를 모색해본다면 원 건축가 김종성 선생님은 포디움 내부와 외부에 어떤 설계가 더해진다면 그 역할을 할 수 있다고 생각하실지요?

이 서울 힐튼의 사례가 그렇게 시간을 간직한 시민 도시공간으로 공유되는 사례가 될 때 바로 인근의 김수근 건축가의 벽산 빌딩을 비롯한 몇몇 현대 건축들이 다음 사례들로도 이어질 수 있지 않을까 해서 질문 드립니다.

김종성 서울 힐튼이 사실 호텔로서는 입지나 접근성이 다소 나쁩니다. 여전히 그것이 숙명적으로 따라다니고 있지요. 웨스틴 조선 호텔이 사람들에게 인기가 많은 이유도 접근성 때문일 겁니다. 서울 힐튼은 남산까지 올라가야 하기 때문에 한국에 재방문하게 되는 투숙객에게는 괜찮을지 몰라도 처음 방문하는 외국인이나 비즈니스 트래블러에게 쉽게 선택하게 되는 호텔은 아닐 것입니다.

변화를 만든다면 이러한 입지도 고려를 해야 할 것이고 로비 자체에서 느껴지는 고급스러움과 폐쇄성, 그러니까 돈을 많이 써야 할 것 같다는 그런 느낌을 주지 않는 공간으로 바꾸는 것이 절대적으로 필요합니다. 만약 주거 공간으로 바뀌게 된다고 하더라도 실제 거주자들을 위한 프라이빗한 출입구 외에

벽산 빌딩

건축가 고(故) 김수근이 1985년 설계한 유작으로, 1991년 벽산그룹 사옥으로서 지어져서 벽산 125빌딩(혹은 벽산 빌딩)이라 불렸다. 벽산그룹이 구조조정되면서 2001년에 사옥이 외국계 자본에 팔렸고 이때 게이트웨이 타워라는 이름이 붙었다. 이후 2010년 동부화재가 1415억에 매입하여 본사 기능 일부가 여기로 옮겨왔다. 〔출처 : 공간〕

메인 로비 전체는 대중에게 개방되는 식으로 하는 게 맞다고 생각합니다. 어떤 식으로 바뀐다 하더라도 외부와 물리적으로 연결이 되어야 하고, 많은 이들이 자유롭게 들어올 수 있는 공간으로 변화해야 합니다.

나는 서울시가 이번 기회에 보다 광역적인 양동지구 전체의 개발방향을 제시하여 서울역 지역의 도시적 면모를 새롭게 하는 기회로 삼을 것을 촉구하고 싶습니다. 먼저 서울 힐튼을 하나의 단일 건물로서가 아니라 서울의 관문인 서울역 앞에 위치한 양동지구 안의 구성요소로 간주하는 것이 바람직하고요. 그러한 도시설계 관점에서 양동지구의 30년, 50년 미래상을 상정해 볼 때에 서울역 전면은 녹지가 조성되는 것이 필수적인 발전 방향입니다. 현재의 도로를 지하화하는 것은 지하철망 때문에 현실적으로 어려움이 있다면 기존 도로 위로 덱크를 조성하여 서울스퀘어의 현재 계단 열 몇 단을 올라가서 연결되는 1층 로비가 거의 같은 레벨에서 연결하는 가능성이 있습니다.

서울역, 서울 스퀘어, 기존 서울 힐튼 부지에 배치되는 기능 및 신축건물을 연결하는 보행로 체계를 적극적으로 계획하여 건설하여야 할 것이며 그러기 위해 서울 스퀘어 빌딩의 저층부는 현재의 편평한 외피에서 요철이 있고, 좀 더 투시되며 동시에 시각적으로 다공성(Porous)인 외관으로 개축되는 것이 바람직스럽습니다.

우대성 현실적인 제안 감사합니다. 도시에서 무언가 새로운 개발이 일어날 때에도 실제로 땅에 대해서만 생각을 하고 위에 있는 건축물은 땅과 분리된 것으로 생각하는데, 그 자리에 40년간 존재했었다는 사실은 건축물 그 자체로 또 하나의 땅이라고 생각이 되고요. 김종성 건축가께서 살아있는 유기체로서 지금의 변화에 대응할 수 있는 전략과 방향성에 대해 이야기를 해준 것 같습니다. 다음으로는 전이서 건축가의 이야기를 들어보도록 하겠습니다.

과거 건물의 현대성

전이서 안녕하세요. 전이서입니다. 먼저 제 이야기로 시작을 하자면, 어렸을 때 저에게 굉장히 충격적으로 다가왔던 두 개의 건물이 있었습니다. 그중 하나는 삼일 빌딩 그리고 조금 더 시간이 지나서 지어진 서울 힐튼이었습니다.

저는 1960년대에 태어났고, 당시 1980년대에 대학을 다녔습니다. 그러다 보니 허허벌판에 아주 큰 덩어리의 건물이 세워지는 것을 직접 목격했어요. 청계천 광교를 보면 램프로 쭉 내려가게 되어 있습니다. 그런데 삼일 빌딩이 딱 나타나면, '아 드디어 광교에 왔구나.' 하는 생각이 들었죠. 그 다음에 램프를 따라 내려가면 램프의 각도 때문에 약간 롤러코스터 타는 느낌이 있어요. 그러다 보니 약간 미래로 가는 느낌까지 나는 거예요.

이게 그 건물이 주는 상징적인 느낌이었어요. 그리고 이후 서울 힐튼에서도 강력한 힘 같은 것을 봤습니다. 그 당시 한국에서 드물게 볼 수 있던 현대 건축의 시작이라는 느낌을 받습니다.

아시겠지만 한국은 1945년 일제강점기가 끝나고 얼마 지나지 않아 6.25라는 전쟁을 치렀어요. 그러니 지금 지어져 있는 건물들은 대부분 전쟁 이후 30~40년 동안 지어진 건물들이죠. 그러니까 예를 들어서 1970년대 이 건물이 맨해튼에 있었다고 하면 별로 큰 가치가 없을 것입니다. 그런데 한국이라는 특수성을 가졌기 때문에 이 건물들은 가치가 있는 것이에요.

삼일 빌딩

서울특별시 종로구 청계천로 85(관철동)에 있는 건물이다. 건축가 김중업이 설계하였다. 1970년 완공 당시 대한민국에 있는 건물 중 가장 높았으며, 국내 최초의 커튼월 방식을 이용한 마천루이기도 했다. 세운상가, 청계고가도로와 함께 종로구의 가장 대표적인 명물이었다.
〔출처 : SK D&D〕

광교

청계천의 다리이다. 조선시대 청계천에 놓인 다리 중 가장 규모가 컸으며 도성 내 주요 도로를 연결하는 중요한 다리였다. 2005년 청계천 복원 공사 때 교통 문제로 인해 원래 광통교 자리에 새로 지은 다리이다. 이름의 유래는 광통교의 준말인 광교이다.

그런데 그 건물들이 진짜로 가치가 있어지는 시점은 앞으로 더 시간이 지나고 지나서 100년이 되었을 때일 것입니다. "봐 한국의 100년 전에 이러한 기술로 그 당시에 이런 상황에 이런 건물이 있었어."라며 내가 그 건물의 촉감을 만져 본다든가 그 건물의 위용을 상상해보는 것만으로도 이것이 한국인들이 가질 수 있는 자긍심이라고 생각해요.

그 중에서도 이 두 건물(삼일 빌딩, 서울 힐튼)은 굉장히 완성도가 높은 건물입니다. 건축적인 완성도도 굉장히 높고, 당시 세계적인 기준으로 비교하면 이러한 완성도의 건물이 세워진 것이 늦었을 지 몰라도, 한국의 상황을 고려하면 의미가 남다른 것이죠.

저는 그 건물들에 대한 구체적인 기억들을 가지고 있지만 언젠가는 죽겠죠? 그렇지만 제 후대에 태어난 사람들은 건물을 보며 옛날을 상상하는 것 만으로도 시대를 이해할 수 있고, 나의 조상이나 앞선 사람들이 어떤 것을 만들어 왔느냐 하는 것에 대한 자부심이 되는 것이에요. 그건 제가 뉴욕의 시민들이 오래된 건물과 함께 살아가는 것을 보고 실제 느낀 것이기도 합니다.

그들이 이것을 유지하고 보존했을 때, "이게 그렇게 오래된 건물이야?" 하는 것. 여러분도 여행 다녀오면 돌이나 모래를 담아 오시는 경우도 있지 않나요? 이게 얼마나 오래된 흔적일까 하면서. 그런데 사실 서울이라는 도시는 그런 흔적을 쉽게 버리고 있었던 것 같습니다.

그리고 두 번째로는 호텔이다 보니까, "사유재산 아니야?" "호텔을 왜 유지해야 하지?"라는 질문들이 늘 따라다니는데요. 제가 이런 이야기를 드리고 싶어요. 이 좌담회를 준비하면서 서울의 호텔들이 언제 세워졌는지를 쭉 봤어요. 1967년에 김수근 건축가가 지은 서울 타워 호텔을 시작으로 여러분이 일반적으로 알고 있는 호텔들이 남산 주변에 1970년대를 거치며 세워졌습니다. 서울 힐튼은 1983년도고요. 가장 현대성을 가지고 있는 것이 서울 힐튼이기도 합니다.

그런데 여기서 충돌이 있는 것이 있죠. 남산이 참 경관이 좋은 곳인데, 왜 이곳을 호텔들이 점유하고 있느냐에 대해서 도시성이나 현대성의 관점에서도 계속해서 논란이 있어 왔어요. 그런데 세워졌을 때의 맥락을 살펴보면, 오히려 호텔은 경관이 굉장히 중요하기 때문에 남산 주변에 이뤄져 있었단 거죠. 당시에는 지금처럼 도시성이나 일반 대중의 편리성 같은 것들이 모두 고려되던 시절은 아니었어요. 어떻게 보면 특정인들이 갈 수 있던 곳이었고, 특정인들만 누릴 수 있던 것이 맞습니다.

생각을 해보니 호텔이라는 것은 지금 젊은 세대들은 저희 시절과는 달라요. 훨씬 여행이 자유로워졌고, 누릴 수 있는 것들이 많은 세대로 변화했습니다.

동시에 그런 상상을 해봤어요. 여기 만약 아파트가 세워졌다고 생각을 하면 아파트는 한 번 분양이 되거나 거기 사는 사람이 특정 사람들만이 계속 그것을 누리게 되죠. 그런데 호텔이라면 내가 분양을 받지 않아도 언젠가 어느 시절에 '한 번쯤은 거기서 좋은 경관을 보고 경험할 수 있지 않나?' 하는 생각이 들었고요.

아까 그 부분에서 김종성 선생님께서 호텔에 일부 주거를 넣어줬으면 좋겠다고 하는 부분이 제가 얘기하는 내용과 약간의 충돌이 있다고 생각하시면, 이렇게 설명을 드릴게요. 서울 힐튼이 아까 얘기하신 것처럼 호텔로서는 입지가 좋지 않아요. 되게 숨어져 있어요. 숨어져 있기 때문에 다른 호텔에 비해서 접근성이 좋지 않아요. 현재는 주변이 지금 많이 바뀌어 서울역 하고도 연결이 되고 남산 자락 하고도 연결이 돼서 예전보다는 훨씬 더 가능성이 커졌어요.

그런 맥락에서 김종성 선생님께서 말씀하신 주거를 넣었으면 좋겠다는 의견에 대해서 저는 이렇게 해석을 합니다. 호텔이라는 게 끊임없이 손님을 받아야 되기 때문에 수익성 구조가 나빠지면 그걸 건잡을 수가 없어지게 되어요. 그런데 일정 비율 주거를 넣어주면 수익의 기본적인 베이스를 유지하는 부분이 생깁니다. 그래서 아마도 말씀하신 부분이 주거와 호텔이 만약에 섞인다면 사유재산을 지켜주면서도 호텔의 수익성을 개선해, 철거가 아닌 방향을 찾을 수 있다는 것이죠.

결과적으로 호텔의 수익 구조가 좋아지면, 일부 주거 공간을 넣더라도 주변부나 포디움 등 호텔의 공공적인 영역은 더 많은 사람들이 이용할 수 있게 유지할 수 있다는 얘기입니다.

김종성 선생님께 드리고 싶은 질문은 이것입니다. 처음에 지으실 때 남산과는 어떤 관계성을 고려하셨을까요? 그러니까 이제 호텔라는 게 경관이 중요하긴 하지만, 남산이라는 지역 특수성을 당시에 어떻게 고려하셨을지 궁금합니다.

김종성 우선 서울 힐튼 부지의 로케이션이 좋지 않다는 얘기를 해야 이해가 되겠는데요. 설계 작업을 시작했을 때에 주어진 부지는 퇴계로로 해서 진입이 되는 걸로 됐었습니다. 그러니까 힐튼과 손잡고 일하기 전에, 하얏트에 위탁 운영하는 합작사업을 진행했었습니다. 내가 작업을 시작하기 전부터 여러 가지 검토안들이 있었는데요. 이것이 호텔 업계에서 얘기하는 로케이션으로는 거의 D점수밖에 못 받는 부지였습니다. 그래서 퇴계로를 따라 올라와서 쓰레기 적치장 옆으로 지나며 호텔로 들어오는 건 아니라고 판단했습니다. 그래서 어렵게 몇 평을 더 매입하도록 설득했습니다. 남산 순환도로에서 진입을 하게 했기 때문에 경관이 매우 좋았죠.

전이서 건축가 질문에 답변해 보겠습니다. 서울 힐튼 디자인이 처음엔 한 일(一)자로 상당히 밋밋한 도안이 나왔어요. 그러다가 남산하고 대화하는 것 같은 무언가가 필요하다고 해서 생각한 것이 30도씩을 절곡을 시켜서 남산하고 대화를 하는 것처럼 만든 것입니다.

처음부터 부지가 그런 걸 요구한 것으로 느끼기도 합니다. 처음에는 남산하고는 완전히 '너는 너 나는 나' 하는 그런 느낌이 강하게 들었습니다. 그래서 나온 해답이 그래서 조금 병풍 돌리듯이 휘는 것이죠.

전이서 말씀주신대로 남산과 관계를 맺는 방식이 이해가 되는데요. 한편으로는, 남산을 가로 막았다거나 단절을 시켰다는 이야기도 있거든요. 그 부분에 대해서는 어떻게 생각하시는지요?

김종성 주관적으로 이야기해 볼게요. 남산의 형태는 서울 도심과 한강로에서는 산세가 좋은 반면, 만리동 또는 왕십리 쪽에서 보면 폭이 좁고 럭비공을 반으로 잘라 놓은 형태입니다. 따라서 서울 힐튼의 현재 높이(71m)가 남산을 막는다는 것은 객관적인 묘사는 아니고, 다분히 정서적인 얘기입니다. 물리적으로 서울역 광장은 낮아서 서울스퀘어가 먼저 보일 것이고, 서울 힐튼이 남산을 막는 것처럼 보이는 곳은 만리동 고개의 중간쯤이겠지요.

남산 순환도로가 생긴 후에 이걸 지었기 때문에 남산하고 대화를 한다는 것이 제 해석이었습니다. 그러니까 남산을 막은 건 아니죠. 조금 다른 관점에서도 남산 주변에 가면 서울 힐튼의 남쪽은 조금 더 높게 지었거든요. 때문에 이렇게 능선 하나가 끝나는 곳에 복원된 한양도성이 방향을 틀고, 서울 힐튼이 매듭을 지어줬다고 해석하는 것이 객관적인 관찰이죠.

전이서 건축 이후 시간이 지나 40년이 됐는데요. 혹시 아쉬운 부분도 있으셨는지 궁금합니다. 더불어, 현재 리노베이션에 대한 요구가 있는데요. 건축가로서 세월이 흐른 것을 보니 당시에는 이렇게 해석을 해서 이렇게 설계를 했는데, 만약 현재 변형이 된다면 어떤 것을 고려하면 좋을지 이야기해 주시면 좋을 것 같습니다.

김종성 현재로서는 질문을 들으면서 특별히 생각나는 것은 없네요. 부분 부분은 조금 더 잘 할 수도 있었다고 생각하긴 하지만요. 그런데 이것이 말하자면 여러분들 아시는지 모르겠는데, 제가 42살 무렵 호텔을 설계해 본 일이 없는 상황에서 힐튼 설계를 했어요(웃음). 좀 이상하죠? 그래서 이 일을 과제로 받고 엄청나게 공부를 많이 했습니다.

먼저, 객실 기능은 하나의 세포의 묶음이기 때문에 사업목표가 300실이면 300실을 어떻게 효율적으로 계획하느냐가 설계의 초점입니다. 서울 힐튼의 경우에는 720실로 만드는 것은 하나의 주어진 설계 조건으로 끝나는 것이고, 그것이 차지하는 네트 면적은 개발 총면적의 60%밖에 안 되고 40%는 볼룸, 식당, 음료, 휴식 같은 공공 기능이었습니다. 그래서 공공기능에 대한 걸 처음부터 새로 공부를 했어요.

한편, 설계할 당시보다 약 3년 전(1975년 경) 지금 ㈜부영이 소유하고 있는 한국은행 신축건물 북쪽, 조선 호텔 입구에서 대각방향에 소공동 공지가 있었습니다. 그 부지에 호텔을 계획하는 과제를 심층 연구를 해서 디자인을 완성했었습니다. 이것이 하나의 예습이 된 건데요. 처음에 서울 힐튼이라는 실제 설계과제를 받았을 적에 내가 그 소공동 부지에 대한 사전 연구 때문에 호텔이라는 기능에 대한 것을 한 3/4 과정은 이해를 한 상태에서 이 과제를 받았습니다. 그리고 한 1/4 정도를 더 공부를 해서 이렇게 설계가 완성된 것으로 생각합니다.

우대성 감사합니다. 아마 경관에 대한 질문은 조금 더 구체적으로 다른 분들이 하실 수도 있을 것 같은데 세번째로 홍재승 건축가의 이야기를 조금 들어보겠습니다.

현대적 유산으로 남기는 방법

홍재승 건축가 홍재승입니다. 앞서 김종성 건축가와 두 분의 건축가에 의해 서울 힐튼의 가치적 측면에 대한 논의가 되었다면, 저는 현재 이지스 자산 매각 이후 벌어지고 있는 현실적 상황과 건축계가 이 문제에 대해 고민하고, 모색한 내용에 대해 말씀드리고 싶습니다.

이지스로 매각이 된 이후에 내부적으로 비공개로 현장 설계가 진행된 것으로 전해 들었습니다. 설계안 중에는 선생님께서 말씀하신 대안에 부합될 정도인지 모르겠지만 기존 호텔을 부분적으로 유지를 하면서 리노베이션하는 제안도 있었고요. 반면에 전면적으로 철거 후, 신축하는 안도 있었습니다. 제가 파악하기로는 신축하는 쪽으로 방향이 잡혀가고 있는 것 같습니다.

기존 건축 전체가 없어질 가능성이 커진 지금, 저희는 위기 의식을 느끼게 된 것이고요. 그런 와중에 건축계에서의 근대도시건축연구회와 새 건축사 협의회에서 주관하여 '남산 힐튼호텔, 모두를 위한 가치'라는 주제를 가지고 2022년 근대 도시 건축 디자인 공모전을 개최했습니다. 2022년 2월에 공고를 해서

7월 심사와 전시를 하고, 자료를 정리해 책으로도 발간되었습니다.

이 공모전에는 총 108팀이 응모를 했는데, 굉장히 많은 관심이 있었죠. 학생들뿐만 아니라 건축과 교수 연구실과 건축가들도 참여했습니다. 좀 전에 김종성 건축가도 말씀하신 것 같이 남산에서부터 서울 힐튼을 통하는 방식, 그리고 서울역까지 이어지는 어떤 도시적인 축을 고려하면서 확장을 하자는 대안들도 있었습니다. 남대문경찰서를 이전할 수 있다면 서울역으로 연계되는 도사 축을 강조하는 제안도 있었습니다.

수상작들을 보면 서울 힐튼의 미래를 바라보는 큰 방향성에는 공통성을 엿볼 수 있었습니다. 건축의 원형 자체를 모두 보존하기 어렵다는 전제 하에, 원형 중에서 가치 있는 부분을 보존하고 미래의 새로운 가치가 덧붙여지는 것이었습니다. 이것에 대해서 김종성 건축가의 생각과도 크게는 일치하고 있습니다.

이제 이지스 자산의 관점에서 이 문제를 바라보고자 합니다. 사업적인 측면에선 우선 용적률을 언급하지 않을 수 없습니다. 저도 설계 의뢰가 들어왔을 때 자주 직면하는 상황인데, 과거와 현재의 법적인 차이로 기존 건축물이 현행 용적률 보다 높은 경우는 리모델링으로 진행을 하고, 반대의 경우는 신축을 하게 되는 것이 현실적인 조건과 그 조건에 대한 일반적 건축 행위라고 말씀드릴 수 있습니다.

헤리티지적인 가치를 이유로 현행 건축을 그대로 유지하자는 방향은 사업자가 받아들이기 어려울 수 있습니다. 그럼에도 불구하고 서울 힐튼의 헤리티지로서 오랜 세월 속에서 얻어진 것들, 그리고 그것이 궁극적으로 비즈니스 가치로까지 확대되고 인정될 수 있다면, 부분적으로 유지하면서 동시에 용적률에 대한 부분까지도 해소를 하면 된다는 입장입니다.

몇 가지 제시된 대안을 슬라이드로 보여드리면서 부연 설명

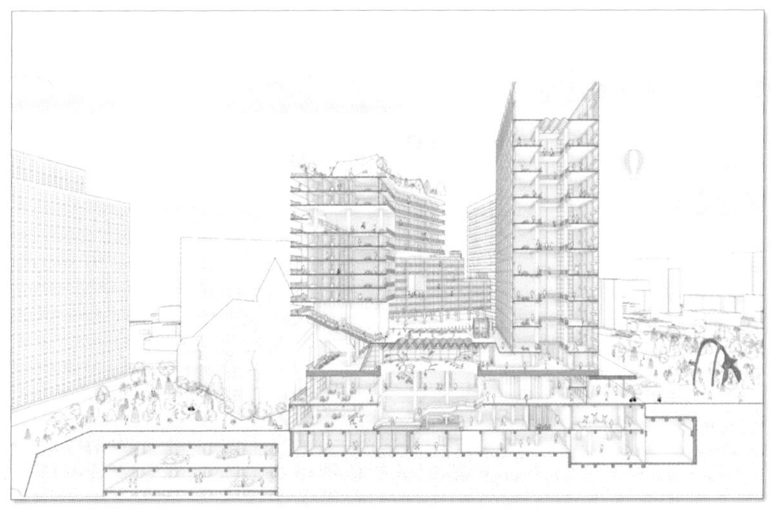

첫 번째 제시안. '남산 힐튼 스퀘어 8322 : 우리의 도심 아트리움'
〔출처 : 2022 근대 도시건축 디자인 공모전 '남산 힐튼호텔, 모두를 위한 가치' 대상 / 윤형두(일리노이공과대), 이주상(일리노이공과대)〕

드리고자 합니다. 이 제시안은 기본 타워 부분을 수직 증축이라는 것은 구조적인 어려운 점이 따르게 되기에 포디움을 그대로 두고 그 위에 수직 증축의 가능성을 보고 있는 것입니다. 사업자는 수직, 수평으로도 높이와 건축의 폭을 넓혀 사업성에 부합된 기능을 담고자 할 것이기 때문입니다

그리고 양동에 대한 도시적 이슈도 중요하기 때문에 도시의 공공적 측면에서 적극적으로 이용하자는 안이었었고요. 다음 안은 서울 힐튼 포디움과 서울 스퀘어 중층 부분(5~6층)을 적극적으로 연계하자는 것입니다. 레벨 차를 이용한 도심의 공공 플랫폼 자체를 구축하자는 대안입니다. 그렇게 되면 그 뒤쪽에 있는 남대문장로교회조차도 하나의 도시적인 연결성을 가지게 되는

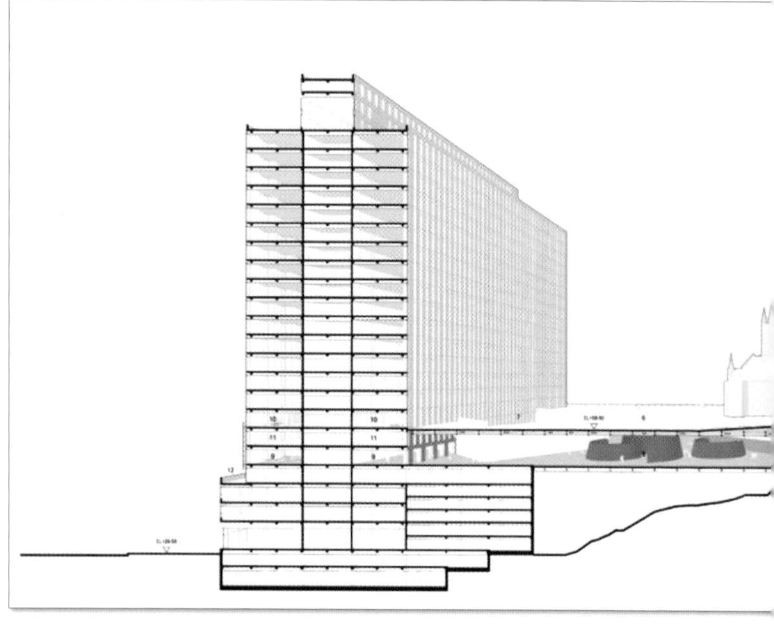

두 번째 제시안. '힐튼 스퀘어'

〔출처 : 2022 근대 도시건축 디자인 공모전 '남산 힐튼호텔, 모두를 위한 가치' 우수상 / 김종울림(일반), 박찬범(일반), 박정훈(일반)〕

것입니다.

또한, 호텔을 정면으로 바라봤을 때 좌측 편 위에 신축을 하고 기존 건축을 유지를 하면서 포디움 자체를 연장하겠다는 안입니다. 물성적 측면에서도 기존 건축과 같이 조우할 수 있는 어떤 저런 각도나 어떤 건축적인 대안을 마련했다고 보고요. 이 이미지를 보기에는 조금 더 광역적으로 사실 보이게 되는데 시대가 바뀌었기 때문에 사실 단순하게 힐튼 호텔 자체가 오브제로서 도시 속에 존재하고 있지 않다는 겁니다. '서울로'까지 연계성을 확장하자는 설계안도 있었습니다. 추구하고자 하는

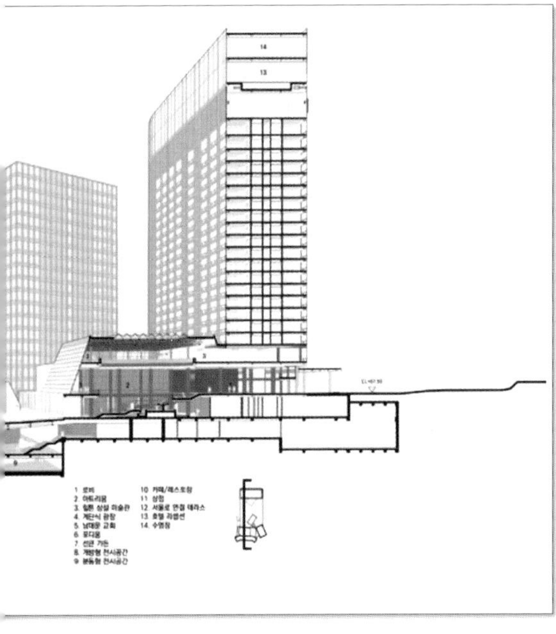

용적률에 대한 가치를 도시적인 측면과 이 건물이 갖고 있는 헤리티지적인 가치 자체까지 부합이 됩니다. 그럼 비즈니스적인 측면까지도 조금 연장이 될 거란 생각도 들고요.

김종성 건축가께 질문을 드리자면 설계할 1983년 당시와 비교하여 최근 호텔은 규모도 커지고 고급화되고 있습니다. 이 기본 모듈을 변경하여 현실적인 제안도 해 주셨는데, 이에 대해 좀 더 구체적인 이야기를 들려주셨으면 좋겠습니다. 아울러 좀 전에 발표하신 서울 힐튼의 미래적 대안을 평면도 개념과 단면 개념으로 구체적으로 스케치해 주셨으면 합니다. 이지스

자산하고도 논의가 될 수 있는 채널을 마련하여 원 설계자의 의견이 적극적으로 피력되고, 한국 현대 건축사의 유산인 서울 힐튼에 대한 의미와 가치를 무겁게 다루어 지길 바랍니다.

김종성 홍재승 선생이 지금 질문하신 것들을 묶어서 제 생각을 말씀드리는 것이 좋겠습니다. 처음 1977년에 설계 시작했을 적에 허용 용적률이 600%였는데, 350%만 지었습니다. 제일 중요한 이유는 사업목표를 달성하는 지상면적이 350%이면 충족이 됐고, 또 하나의 이유는 대지의 상황이 경사가 심하고요. 이게 250%은 다른 용도로 채울 수 있는 그럴 용지가 아니었어요.

여기서 아주 옛날로 거슬러 올라가서 얘기를 한다면, 김우중 회장(당시 사장)이 30대 시절에 교통회관이라고 골조만 시공되고 방치됐던 것을 교통부로부터 사가지고 옛 대우 빌딩으로 만들면서, 동쪽으로 인접된 현 서울 힐튼 부지를 관광 산업 진흥을 위해서 호텔을 개발하는 하나의 숙제로 받은 거예요. 이 숙제를 받아 가지고, 그때 호텔사업의 소요면적은 350%만 채우면 끝났거든요.

그런데 지금은 용적률이 기본적으로 800%가 됐고요. 이것저것 조례를 잘 해석해서 인센티브를 붙이면 그것이 900% 또는 950% 까지도 증가할 수가 있는 여지를 갖고 있습니다. 그러니까 개발하는 입장에서는 엄청나게 매력적인 소지가 있습니다. 때문에 제 의견은 1980년대 초에 이룩한 건축적인 성취를 보존하면서 개발업체가 이윤 창출도 할 수 있는 대안을 고려하면 좋겠다는 것입니다.

현재 언론을 통해서 듣고 있지만, 개발 업체가 200실 호텔을 얘기하고 있는데요. 그 200실 호텔은 1970년대 중반에 들어간 기준보다는 두 배 정도의 객실 단위 면적이 필요한 럭셔리 형태일 것으로 추측합니다. 이 작은 객실수의 호텔을 경제성이 있도록 하려면 운영하는 노하우가 달라야 합니다. 다시 말해서 위탁 운영할 호텔 업체의 200실이 최소 경제 단위이고, 수익이 플러스란 자신이 있어야 할 겁니다. 때문에 순수 사업적인 다른 용도의 대안의 검토가 필요하고, 호텔 용도가 들어가는 게 옳다고 확신이 선 후에 호텔을 건설하는 것이 맞다고 봅니다. 기본적으로는 호텔 기능을 사업에 포함하느냐, 안 하느냐에 따라서 사업 규모내의 용도별 면적이 좌우될 것이니까요.

위탁운영을 누가 하는 지와 관계없이 현재 호텔 인더스트리 수준의 천장 높이가 그리 높지는 않습니다. 현 2.4m는 좀 낮아서 안 될 것이지만요, 아마 3m 정도로 천장 높이가 높아지면 될 것입니다. 모듈은 현 3.90m에 1.5배인 5.85m를 주면 괜찮고, 2배인 7.80m도 괜찮지 않을까 싶습니다. 때문에 기존 구조 상 현재로서는 호텔로 그대로 쓸 수는 없는 것이 숙명입니다. 다만 전부 부수지는 않으면서 이를 보존하려면 결국 아파트먼트를 추가하는 것이 좋을 것이고요. 아파트라면 엘리베이터 코어 2~4개만 더 설치하면 해소됩니다. 사업하는 입장에서는 아파트 단위 면적 당 수익이 더 좋기도 합니다. 이러한 이유로 제가 주거를 제안하는 것입니다.

마지막으로 한 가지 더 추가를 해야 하는데요. 현재 서울스퀘어 역시, 서울시의 행정지도를 통해 기준 층 한 5개층 정도 지금 건물의 7층 정도의 높이를 서울역에서 현 서울 힐튼을 연결하는 축에 너비 약 20m의 통로를 일반시민에게 개방할 것을 제안하고 싶습니다. 그런데 그 개방으로 인해 발생하는 임대수익 손실을 어떤 다른 것으로 보상해 주는 것에 대해서도 시에서 관심을 가져야 할 문제라고 생각합니다. 하나의 보상수단은 용적률 인센트를 적용해서 수직 증축을 유도하는 것입니다 서울시의 어떤 적극적인 행정지도와 조치도 매우 필요한 것이죠.

앞서 홍 선생이 남산-현 서울 힐튼 부지-서울역의 축을 남대문경찰서로 조금 꺾는 개념을 언급했는데요. 서울스퀘어의 한 부분을 시민에게 개방하는 것이 훨씬 더 시민들에게 도움이 되는 방향이라고 생각합니다.

우대성 고맙습니다. 아마 한 사람의 노력이나 소유자만의 노력으로 되는 것이 아니고, 우리 시대가 만들어 놓은 물리적인 자산으로서 결과물들이기에 집단 지혜와 노력이 필요할 것입니다. 훨씬 더 좋은 공공재적 성격과 사적인 이익을 동시에 같이 가질 수 있는 (초반에 말씀하셨던) 윈윈 전략에 대한 구체적인 대안을 말씀해 주신 것 같습니다.

오늘 서울 힐튼을 설계한 당사자가 나와 있기에 그 목소리를 직접 들어 더욱 의미가 컸습니다. 아마 여기 많은 분들이 모여 있고 어쩌면 이 프로젝트를 관계하는 누군가가 오셨을 수도 있을 텐데요. 이런 목소리들이 잘 전달되면 좋겠다는 생각을 강하게 해봅니다.

마지막으로 오호근 건축가의 이야기를 들어보도록 하겠습니다. 칼럼에서는 기록에 대한 이야기, 변화 과정 속에서 어떤 가치를 가지고 확장할 것이냐 하는 것에 대한 이야기를 다뤄 주셨습니다.

어떤 풍경으로 남아야 하는가

오호근 안녕하세요. 오호근입니다. 제가 직접 질문 드리고 이렇게 듣고 싶었던 것들은 이미 많이 이야기를 해 주셔서 다른 이야기를 해보고 싶은데요. 저는 이 좌담회를 준비하며 구술집을 쭉 읽어보았습니다. 그러면서 참 부끄럽다는 생각도 들었습니다. 왜냐하면 이제 이 변화하는 시점과 도전에 대해서 자꾸 얘기하는 중이지만, 사실 김종성 선생님께서는 이미 변화의 주역이셨거든요.

전후 척박했던 시절 미국에서 건축의 구축적인 소통을 목표로 배움을 이어 가셨고, 국제적인 감각을 익히신 후 돌아오셨습니다. 그리고 우리나라 건축이 상황이 그냥 그 상태로 정체되지 않도록 국제적 감각으로 변화를 주도하셨죠. 어쩌면 당시 상황에서는 엄청난 파이오니어이자 코스모폴리탄이셨다는 생각이 들었어요.

한편, 현재 한국 건축계에서 지어지는 건물들 개발 이슈들도 많이 있습니다. 아까 말씀하신 대안들 중에 모듈이나 아트리움 보존 등의 문제에 대해서 고민을 해 보았는데요. 사실 개발하는 이유는 결국 이익이 나기 때문이기 때문에 이익을 우선으로 생각하게 되는 것이겠죠. 그런데 보존을 하면서도 동시에 이익이 나는 방법에 대해서 몇 가지 대안들을 제시해 주셔서 좋았습니다.

다만 공공이라서 결국 함께 얘기가 돼야 되는 부분은 있겠습니다. 그럼에도 이런 적극적인 제안을 해 주시는 것을 보면서 건축 설계 라는 것은 땅에 들어오는 것도 어렵지만 나가는 것도 어렵다는 생각이 들었습니다. 몇 십 년이 지났지만 여전히 설계를 하고 계시는 입장이시니까요.

우리 몸의 세포 또한 평균 7~8년 후면 세포도 모두 대체되고 새로운 물질이 된다고 합니다. 마찬가지로 도시도 말할 것도 없이 계속 변화해야 한다고 생각해요. 유적처럼 그대로 멈춰 있거나 가만히 있을 수 없죠. 그렇다고 모두 싹 변할 수도 없습니다. 그렇지만 한 사람이 세포가 변한다 해도 여전히 그 사람인 것처럼 서울이 서울로 남으려면 어떤 가치를 지켜야 하는가에 대한 답이 곧 정체성이자 도시의 정체성이란 생각이 듭니다.

이렇게 서울 힐튼은 지속적으로 함부로 철거되어서는 안 된다는 얘기가 나오는 것도 여러 의미가 있겠습니다. 서울시에 있는 변화의 주역 중에서도 하나의 정체성을 가진 건물이기 때문에 더욱 활발한 논의가 이뤄지는 것이겠죠. 건축사적인 디테일도 있고 아트리움의 형식 얘기도 있지만, 저는 서울 시민에게 도시 정체성으로 서울 힐튼이 기억되는 방식 자체가 의미 있다고 생각합니다. 그 공감대가 있다면, 더욱 적극적으로 이것이 어떻게 미래의 변화에 기여가 될 수 있을 것인가라는 얘기가 더 활발하게 될 수 있을 것 같다고 생각해요.

그래서 얼굴도 뵈었으니 여쭙자면, 서울 힐튼의 여러 가지 사업과 건축적인 내용 외에 시민들이 이 건물을 어떻게 기억했으면 좋겠다는 마음으로 설계를 하셨을까요? 혹은 그 외에도 이 도시 서울이라는 얼굴의 정체성으로서 기여할 수 있는 부분이 있었다면 그게 무엇일까요? 설계하신 분의 목소리로 듣고 싶습니다.

김종성 나로서는 지금 서울 힐튼이 새로운 생명을 받아서 앞으로 30년을 더 지낸다면 로비 공간이 중요하다고 생각합니다. 때문에 로비를 훨씬 더 개방하고 누구든지 들락날락 할 수 있도록 하는 게 맞다고 생각합니다. 아울러 지금 옥상 중앙에 냉각 탑 있는 부분은, 프로젝트 부지에 이보다 더 건물들이 생길 테니 더 높은 곳으로 옮겨질 것이거든요. 그러니 루버가 붙어 있는 가운데 부분 역시 또 식당이나 라운지 같은 퍼블릭 공간의 용도로 사용할 수 있다고 생각합니다. 예를 들어 직장인들이 어렵게 많은 돈을 지불하고 가야 하는 곳이 아니라 퇴근하면서 잠깐 들러 맥주 한 잔 마시고 집에 갈 수도 있는 공간이 되겠죠. 이 이야기의 중요도는 크진 않지만, 이러한 새로운 용도와 기능도 고려해야 한다고 생각합니다.

덧붙이자면, 앞서 경찰서 이야기도 나왔거든요. 남대문경찰서는 입지가 좁기 때문에 서울의 관문인 서울역 광장을 구성하는 건물로는 미흡하다고 생각합니다. 장래에 후암동 도로변에 더 큰 규모의 개발 사업의 저층부에 기동성이 높게 배치하는 것이 하나의 장기 발전 방향이라고 생각합니다.

우대성 예. 감사합니다. 아마 독립적인 존재로서 서울 힐튼이 아니라 주변의 많은 부분들을 같이 고민하고 설계를 하셨던 것 같습니다. 또한, 지금도 보존에 대한 대안을 찾을 때 독립적인 노력이 아니라 주변과 함께 찾아야 된다는 그런 말씀으로 이해가 됩니다.

지속가능성을 위하여

서울 힐튼의 미래지향적 보존 활용과 법제화의 필요성

서울 힐튼이 남긴 것, 남겨야 할 것

보존에 대한 김종성의 제안

서울 힐튼의 미래지향적 보존 활용과 법제화의 필요성

홍재승

보전의 필요성은 미래에 대한 약속

문화재가 전통이란 시각은 변화하고 있고, 꼭 대상물만이 아닌 지역, 지역적 측면을 넘어서 그 시대의 사건을 담고 있었던 공간의 의미로까지 확대되고 있다. 이것은 20세기 후반의 탈근대주의론이기도 한데, 이 문제는 첫째 법과 제도의 경직성에 기인하고 둘째로 의식의 문제로 공공의식의 왜곡과 민간의식의 부재로 요약된다. 근현대 건축과 거리는 맥없이 사라져 가고, 재개발의 이름으로 파괴하길 서슴지 않는다. 반전의 모색과 기미는 어디에 있을까?

보전이다. 도시는 장소성, 건축물 자체 그리고 그 시대적 이벤트가 총합되어 행해지는 것이고, 그것이 기록과 기억으로 역사화 되는 것이다. 역사 유산의 보존은 보다 나은 미래를 위한 버팀목이며, 디딤돌이다. 이 지표는 서울 힐튼처럼 특별히 보존해야 할 가치를 가지고 있는 것뿐만 아니라, 과거 우리의 삶이 잘 깃들어 있는 모든 것을 포함할 수 있다. 그 건축물의 역사적 예술적 가치를 넘어서 사회, 역사를 다루는 것이기에 중요하다.

공간을 보호하는 제도의 중요성

도시는 변화하고, 도심은 더 빠르게 변할 환경에 놓여있다. 제도란 이 변화의 속도와 방향, 형태를 관리하는 것이다. 변화가 요구되는 곳과 변화보다는 보존이, 때론 변화와 보존이 균형감을 가지도록 법과 제도는 마련되어야 한다.

또한, 제도로서 근현대 문화유산이 보존될 수 있다는 것은 그 국가의 민주적 성숙도에 기인하는 것이다. 이제까지의 유산은 그 시대의 권력을 중심으로 보존가치를 매김 하였다면, 이제부터는 산업화 시대의 산물이고 장소인 서울 힐튼같은 현대 건축물을 포함하여, 우리 일상을 기억하고 있는 공간의 가치를 높게 평가하고 제도적으로 보호해야 한다.

대상물 보존(Object Preservation)은 근본적인 보존일 때 지속성이 가장 크지만 근현대 건축의 경우, 특히 고밀화 지역에 있는 건축은 상업성의 요구로 인해 그 전체를 그대로 보존하는 것이 어려운 경우가 많다. 서울 힐튼과 관련해 최근 발표된 내용을 보면 서울 힐튼(23층·71m)을 철거하고, 상향된 용적률에 맞추어 지하 10층, 최고 38층·150m 높이의 복합빌딩 2개동을 짓겠다는 것인데 이보다는 기존 호텔의 가치가 큰 중요한 부분을 유지하며 증축하여 과거와 현재가 공존하는 보전(Conservation)의 방식이 되도록 제도가 뒷받침되어야 할 필요가 있다.

국가 등록 문화재 등록 연대기준 하한의 필요성

우리나라의 현행 「문화재보호법」 체계에서는 제작·형성된 지 50년 이상 된 문화유산을 대상으로 등록문화유산으로 등록하여 관리되고 있다. 해외의 법제화 사례를 살펴보면, 현재 일본은 우리나라와 유사하게 문화재 지정, 등록제도를 운용하여 관리하고 있어, 건설 후 50년이 경과한 건축물을 문화재 등록대상으로 하고 있고, 현재 1970년대 초반의 건조물만이 문화재로 등록되어 있다.

반면 영국의 「1990년 등재건축물 및 보존구역 계획법」에 근거한 '영국의 등재건축물 제도'와 미국 뉴욕시의 「랜드마크법」 등에 따라 등재건축물 또는 랜드마크로 지정이 되면 건축물의 철거·변경·재건축 등을 할 경우 권한 당국의 승인 등을 받도록 하여 근현대 문화재를 보호 및 관리하고 있다. 6단계의 등록 등급을 나누어 관리하고, 가치를 인정받은 30년 미만의 건조물이나, 아주 특별한 경우에는 10년 미만의 건조물도 등재건축물 등재가 가능하다.

프랑스는 「1913년 12월 31일 역사적 유적에 관한 법률」에 따라 중요 건축물을 지정·등록하여 관리하고 있으며, 1967년에 1955년 준공된 '르 코르뷔지에의 롱샹교회'를 역사적 건조물로 지정하는 것처럼 건축 시기를 명확히 제도의 기준에 포함하지 않고 있다.

우리나라는 제도상의 문제로 건설·제작·형성된 후 50년이 되지 않은 서울 힐튼의 경우처럼 문화적·예술적·사회적 가치를 가진 근현대 유산을 제대로 보호하고 있지 못하고 있다. 따라서 연대 기준의 하한을 기존의 '50년 이상'에서 '30년 이상'으로 개정하여 서울 힐튼을 헤리티지로 유지할 수 있도록 제도를 마련할 필요가 있다는 주장(「문화재보호법 개정안」 2022.12.13. 최기상 의원 대표발의)은 설득력이 있다.

「근현대문화유산법」과 서울 힐튼 보전의 가능성

지난 2023년 8월 24일 「근현대문화유산의 보존 및 활용에 관한 법률」(근현대문화유산법)이 국회 본회의에서 통과되었다. 문화재청은 앞으로 하위법령을 마련한 후 2024년 9월부터 근현대문화유산의 보존과 활용을 위한 새로운 정책을 추진할 수 있게 되었다(2021.11.24. 이병훈 의원 대표발의).

> 근현대문화유산은 개항기 전후부터 현재에 이르는 동안 형성된 문화유산 중 가치가 인정되어 보존할 필요성이 있는 부동산 및 동산유산을 의미하며, 문화재청은 2001년부터 국가등록문화유산 제도를 도입하여 구 서울특별시청사, 부산 임시수도 정부청사 등 956건을 등록하여 관리하고 있다.
>
> 「근현대문화유산법」은 문화재청 소관 국정과제인 미래지향적 국가유산 관리체계 마련의 일환으로, 원형유지를 원칙으로 하고 강력한 주변 규제가 있는 지정문화유산 중심의 「문화재보호법」 체계를 벗어나, 소유자의 자발적 보존 의지를 기반으로 더 유연하고 지속 가능한 보존·활용을 추구하도록 등록문화유산 제도를 확장 운영하기 위해 제정됐다.

이에 근거하여 서울 힐튼을 포함한 근현대 건축의 보전에 대한 가능성은 커지게 되었고, 무엇보다도 이런 흐름은 근현대 건축물의 가치에 대해 사회적 인식의 긍정적 변화로 보인다.

「근현대문화유산법」의 주요내용을 정리하면 다음과 같다.

① 근현대문화유산을 '개항기 전후부터 현재에 이르는 동안 형성된 문화유산 중 역사적·예술적·사회적 또는 학술 가치가 인정되어 특별히 보존할 필요가 있는 것'으로 정의하고, 등록문화유산·근현대문화유산지구 및 예비문화유산 제도 등 세부 분류 규정을 마련하였다.

② 지정문화유산 중심의 원형유지 원칙에서 탈피, 근현대문화유산이 지역주민을 포함한 국민이 참여하여 그 가치를 보존하고 향유하는 주체가 될 수 있도록 지속가능한 보존 및 활용 원칙을 새롭게 제시하였다.

③ 주요 외관 이외에 소유자의 동의를 전제로 특별히 그 가치를 보존해야 하는 건축 및 구조 등의 부분 또는 요소(필수보존요소)를 도입하여 등록문화유산의 핵심적 가치가 보존될 수 있도록 노력하였다.

④ 근현대문화유산으로 등록되기 전에 그 가치가 훼손될 우려가 있어 긴급한 예방 조치가 필요하거나 문화재위원회의 심의를 거칠 여유가 없을 경우 '임시국가등록문화유산'으로 등록하고, 임시등록한 날부터 6개월 이내에 등록되지 않으면 말소된 것으로 보아 등록 전 가치 훼손을 방지하는 절차를 두었다.

⑤ 등록문화유산이 개별적 또는 집합적으로 분포하여 주변지역과 함께 종합적으로 보존 및 활용할 필요가 있는 지역을 '근현대문화유산지구'로 지정하여 점 단위뿐만 아니라 면 단위 방식으로 체계적 보존과 활용이 가능하도록 하였다.

⑥ 그간 「문화재보호법」 체계에서는 제작·형성된 지 50년 이상 된 문화유산을 대상으로 등록문화유산으로 등록하여 관리하였으나, 근현대문화유산법을 통해 50년이 지나지

않아도 장래 등록문화유산이 될 가능성이 높다고 판단되는 경우 '예비문화유산'으로 선정하여 50년 미만의 현대문화유산도 보호하는 제도를 도입하였다.

⑦ 근현대문화유산을 활용한 지역문화진흥 시책 마련과 주민사업 등 각종 활동 지원, 관련 단체와 사업자 지원, 전문인력 양성 등을 위한 규정을 두어 근현대문화유산 활용을 촉진하고 활성화할 수 있는 기반을 마련하였다.

이 법에 따라 서울 힐튼은 현재의 원형유지 원칙이 아니더라도 그 보존의 가치가 인정되는 부분 예를 들어 아트리움과 커튼월 등을 필수보존요소로 활용할 수 있기를 바란다. 또한 '임시국가등록문화유산'으로 등록하여 등록전에 그 가치가 훼손되지 않도록 방지하고, 50년이 아직 되지 않았더라도 '예비문화유산'으로 선정해 둘 수 있다.

「근현대문화유산법」 제정의 가치

「근현대문화유산법」 제정으로 훼손 위기의 근현대문화유산을 보호할 수 있는 골든타임 확보가 가능해졌다. 또 등록문화유산이 개별적, 집합적으로 분포돼 종합적인 보존과 활용이 필요한 지역인 경우 '근현대문화유산지구'로 지정할 수도 있다. 점 단위뿐만 아니라 면 단위로 체계적 보존과 활용이 가능해진다. 이밖에도 근현대문화유산을 활용한 지역문화진흥 시책 마련과 주민사업 등 각종 활동 지원, 관련 단체와 사업자 지원, 전문인력 양성 등을 위한 규정도 두어 근현대문화유산 활용을 촉진하고 활성화할 수 있는 기반을 마련했다. 「근현대문화유산법」을 필두로

한 제도가 하루 빨리 정착된다면 서울 힐튼이 개발중심의 초점에 맞추어지는 것에서 벗어나 역사, 문화, 환경을 보존하는 방향으로 자리매김하는 시금석이 될 수 있을 것이다. 그래야만 한다.

건축가 안창모

서울대학교 건축학과를 졸업한 후 동대학원에서 한국 근현대 건축을 공부하고, 「한국전쟁을 전후한 한국건축의 성격변화」와 「건축가 박동진에 관한 연구」로 석사·박사학위를 받았다. 미국 콜롬비아대학교와 일본 동경대학에서 객원연구원을 지냈고, 현재 경기대학교 건축학과 교수로 한국 근대건축의 역사와 이론을 연구하며 역사문화환경보존프로그램을 운영하고 있다. 대통령소속 국가건축정책위원회 위원, 문화재청 문화재위원, 서울시 도시계획위원을 역임했고, 현재 (사)근대도시건축연구와실천을위한모임 회장과 문화유산국민신탁 이사로 활동하고 있다. 2014년에는 베니스건축비엔날레 한국관 공동큐레이터로 황금사자상을 수상했고, 2021년 한국건축역사학회 학술상을 수상했다. 저서에 『기술과 사회로 읽는 도시건축사』, 『가회동 두 집—북촌의 역사를 말하다』, 『한국 현대 건축 50년』, 『덕수궁—시대의 운명을 안고 제국의 중심에 서다』가 있다.

서울 힐튼이 남긴 것, 남겨야 할 것

안창모

서울 힐튼은 왜 보존되지 못할까?

건축물의 '보존과 개발' 이슈에서 논의의 중심은 당연히 '보존해야 할 가치'와 '개발시 얻을 수 있는 가치'의 대립이다. 보존론자와 개발론자가 각각 주장하는 가치는 절대적인 가치라기보다는 상대적이며, 이슈가 제기된 시대적 상황과 긴밀하게 얽혀있는 문제이기에 '누구의 가치가 더 큰가?'는 쉽게 결론내릴 수 없다.

다만, 서울 힐튼의 '건축적·사회적 가치'를 높게 평가하는 필자의 입장에서 '왜, 서울 힐튼의 보존이 필요한지?' 결과적으로 '서울 힐튼의 철거가 돌이킬 수 없는 사실로 확정되어가는 이유가 무엇인지?' 마지막으로 '서울 힐튼이 철거될 수밖에 없다면 우리는 서울 힐튼 보존의 이슈에서 어떤 교훈을 얻을 수 있는가?'에 대해 이야기하고자 한다.

서울 힐튼의 가치

서울 힐튼이 지어진 곳은 1960년대 말 도심재개발사업이 추진되던 양동지구 재개발지역이었다. 당시 서울의 대표적 사창가 중 한 곳이었던 양동의 구릉지는 기차를 이용해 서울에 도착한 사람들이 마주하는 서울의 첫 장면이었다. 정부에서는 이곳을 가리는 대규모 공공시설을 짓기 시작했다. 지금도 많은 사람들이 대우 빌딩으로 기억하는 이 건물(현 서울스퀘어)은 양동의 사창가를 가리는 효과를 지닌 종합교통센터로 시작되었다. 1968년에 착공된 종합교통센터를 1973년에 '대우'가 매입하면서, 양동지구 재개발사업을 주도하였고, 서울 힐튼은 양동지구 재개발사업의 중심이 되었다.

'조국 근대화'가 국가적 제1과제였던 시절에, 서울의 관문 앞에 펼쳐진 사창가 양동은 하루빨리 정비해야할 대상이었다. 당시의 시대적 상황에서 양동지구 재개발은 모두가 의심 없이 환영하는 사업이었고, 그 역할을 재계에서 급부상하던 '대우'가 맡았다. 대우는 교통센터를 인수한 후 교통센터를 사무실과 면세품백화점 그리고 호텔을 갖춘 시설로 바꿔 양동 일대를 '대우의 관광타운'으로 개발하겠다고 발표하기도 했다. 결과적으로 종합교통센터는 대우그룹의 사옥으로, 대우의 관광타운화 계획은 서울 힐튼 건축으로 정리되었다.

흥미로운 것은 대우가 '힐튼'과 경영계약을 체결하고 서울 힐튼 건축이 가시화된 1977년 12월이 1970년대를 관통한 우리 삶의 지상 과제였던 '수출 100억불, 국민소득 1,000불' 중 '수출 100억불'이 달성된 시점이라는 점이다. '수출 100억불'은 우리에게 '할 수 있다'는 자신감을 심어줬고, 수출주도 경제정책의 가시적 성과인 '대우'의 양동지구 재개발사업과 서울 힐튼 건설은 서울의 도시 변화와 건축의 변화를 주도하는 성과였다고 할 수 있다.

'서울 힐튼'은 그 성과의 상징적 건축이었다고 할 수 있다. 서울 힐튼은 준공된 뒤에 '서울시 건축상(1985)'을 수상했고, 1994년에는 건축가 206명의 설문(조선일보 1994년 2월 17일)에서 높은 평가를 받았으며, 서울 힐튼이 철거된다는 소식이 알려졌을 때는 우리 건축계 모두가 서울 힐튼이 보존가치가 매우 높은 건물이라는데 목소리를 함께 했다. 이는 분명 놀라운 일이다. 이전까지만 해도 유서 깊은 건물이 철거 위기를 맞았을 때, 건축계는 항상 보존론자와 개발론자로 나뉘었기 때문이다. 이는 서울 힐튼의 가치가 매우 높다는데 이견이 없다는 것을 의미한다. 그런데도 불구하며 서울 힐튼이 보존될 가능성은 없다.

왜, 건축계는 서울 힐튼은 물론 보존 이슈가 된 건물의 보존에 성공한 적이 한 번도 없고, '보존의 키'를 쥐고 있는 서울시는 자신들이 수여한 최고상을 수상한 호텔의 가치를 지키는데 적극적이지 않은 것일까?

보존의 주체

서울 힐튼의 건축가인 김종성은 '문화가 자본을 이긴 적은 없다'며 서울 힐튼의 건축적 가치가 힐튼을 철거하고 더 많은 부가가치를 추구하는 자본의 개발의욕을 막는 것은 불가능하다고 이야기한 바 있다. 건축가의 입장이 이러한데도 불구하고 많은 건축인들은 서울 힐튼의 철거가 기정사실화되어가는 현실에 대해 무척 안타까워했다.

그러나 우리사회에 '문화가 자본을 이긴 사례'가 없는 것은 아니다. '명동예술극장'이 대표적인 예다. 일제강점기에 일인들의 극장이었지만, 해방 후 '국립극장'으로 사용되면서 명동을 문화의 메카로 만들며, 경제적으로 어려웠던 시기에 우리의 삶에서 문화와 예술의 씨를 피워낸 극장건물이 자본의 논리로 철거될 위기에 처했을 때 '보존'을 위해 시민사회와 함께 건축계가 움직였다. 그러나 정부와 사업자는 요지부동이었다. 건축인들이 보존 목소리를 냈지만 건축계의 한편에서는

명동예술극장

명동예술극장의 전신인 명동국립극장(위)과 새롭게 문을 연 명동예술극장(아래). 3년간의 복원공사를 마치고 '명동예술극장'이라는 이름으로 2009년 6월 5일 새롭게 문을 열었다. 새롭게 문을 연 명동예술극장은 외부 벽면은 옛 모습을 그대로 살려낸 반면, 내부는 전면 리모델링하여 최신 무대시설을 갖춘 588석 규모의 중극장으로 탄생했다.

반대의 소리도 있었다. 건축계의 보존 요구에 귀를 기울이지 않던 정부에서 문화인들이 '삭발'이라는 강한 의지(?)를 보이며 '보존'을 위한 하나된 목소리를 내기 시작하자 상황이 바뀌었다. 결과는 보존이었고 우리는 명동 한복판에서 '문화'의 터를 지켜냈다. 당시 문화인들은 어떻게 명동예술극장을 지켜낼 수 있었을까? 건축계의 보존운동이 번번히 실패로 끝나는데 반해 문화예술인들의 보존운동이 멋지게(?) 성공한 이유는 무엇일까? 이는 문화예술인들이 건축인들보다 힘이 있어서가 아니다. 문화예술인들은 명동예술극장을 통해 시민들과 문화를 공유했고 그렇게 확보된 명동예술극장의 공공적 가치가 있었기에 각계의 지원과 함께 정부를 움직일 수 있었던 것이다. 명동예술극장을 지켜낸 것은 명동예술극장의 공공적 가치였고, 이러한 공공적 가치를 만들어낸 문화예술인의 역할은 충분히 평가받을만하다.

건축물의 공공적 가치 부분에서 서울 힐튼은 약점을 갖고 있다. 그러나 서울 힐튼은 명동예술극장과는 다른 차원의 공공적 가치와 역할을 수행해왔기에 보존가치가 있다고 생각하지만 이 점을 시민들과 함께 공유하는데 실패한 것이 너무나 뼈 아픈 부분이자 서울 힐튼의 한계이기도 하다.

서울 힐튼 이슈에서 우리는 명동예술극장처럼 공공이 호텔을 매입하여 보존하자고 주장하는 것이 아니다. 지금은 명동예술극장의 보존이 이슈였던 1990년대와 달리 근현대유산의 보존을 위한 사회적 공감대가 크게 확산되었고, 다양한 방법이 있음을 확인한 바 있으며, 정부와 서울시는 보존을 위한 다양한 정책적 수단을 가지고 있기 때문이다.

보존을 위한 키를 쥐고 있는 기관에서는 그들이 움직여야 할 합당한 이유가 있을 때 움직인다. 합당한 이유가 있는데도 움직이지 않는다면 그것은 직무태만이라고 할 수 있다.

첫 번째 기관은 문화재청이다. 문화재청은 서울 힐튼 자체의 가치를 통해서 그리고 인접한 서울성곽의 가치와 경관적 가치 보존을 위해 적극적으로 역할을 할 수 있는 여지가 있었지만 이 부분에서 문화재청은 개입하지 않았다.

두 번째는 서울시다. 서울시는 도시계획위원회를 통해 개발의 범위와 규모를 검토할 수 있고, 개발시 공공의 가치를 전제로 사업자에게 적절한 요구와 함께 인센티브를 줄 수 있는 권한이 있고, 서울시는 그 권한을 사용했지만, 서울 힐튼이 갖는 사회적 가치에 맞게 권한이 사용되었는지 의문이다.

문화재청은 통제에 가까운 수단 밖에 없지만 문화재청의 권한은 자타가 공인할 만큼 막강하며 명분도 강하다. 이에 반해 서울시는 적절한 도시계획적 수단을 통해 보다 적극적인 해법을 만들어낼 수 있는 권한과 실질적인 해법을 가지고 있다. 그러나 문화재청의 무관심에 가까운 태도와 서울시의 소극적인 태도가 시민들이 믿고 맡긴 권한을 적절하게 사용했는지 의심스럽게 만든다는 점에서 안타깝기 그지없다.

그런데, 서울 힐튼의 보존이 실패한 원인이 두 기관에만 있을까? 당연히 그렇지 않다! 서울 힐튼의 보존에서, 가장 큰 약점이 서울 힐튼에 대한 시민들의 인지도가 낮다는 점이었다. 이는 시민이 건축에 대한 인식이 낮기 때문이 아니며, 그렇다고 서울 힐튼의 사회적 역할이 작았기 때문도 아니다. 오히려 서울 힐튼의 입지와 역할이 시민의 인지도를 약하게 만든 이유였다.

서울 힐튼의 입지와 역할

세계도시 서울의 관문인 서울역에 인접하고, 서울시 한복판에 위치하여 많은 서울시민들이 찾는 남산의 서울성곽 옆에 위치하고 있지만, 서울 힐튼이 어디에 위치했는지 아는 시민들은 많지 않다. 서울 힐튼의 존재를 안다고 하더라도 서울 힐튼의 로비를 찾아본 이들은 더욱 적다. 이유는 서울 힐튼이 거대한 대우 빌딩에 가려져 있으며, 근대화에 매진하던 시절에 양동의 사창가를 정비하면서 들어선 남산의 서측 구릉을 높은 빌딩들이 둘러싸고 있어 보행 접근성이 매우 낮았기 때문이다.

여기에 더해, '세계는 넓고 할 일은 많다'는 말을 실감케 했던 1980년대에, 서울 힐튼은 한국을 찾은 바이어를 위한 최고의 호텔 중 하나였다. 1980년까지 서울에 지어진 특급호텔들이 대부분 일본인 건축가의 설계로 지어지거나 일본인 관광객을 대상으로 지어졌지만, 서울 힐튼은 20세기 모더니즘 건축의 전형을 만들어 낸 건축가 '미스 반 데어 로에'의 제자인 김종성의 설계로 지어졌기에 일본색에서 벗어났을 뿐 아니라 세계적인 호텔과 어깨를 나란히 하는 디자인으로 수출한국의 비즈니스를 뒷받침했다. 이러한 1980년대 이후 서울 힐튼의 사회적 역할은 아무리 강조해도 지나침이 없다.

그러나 일반 시민들이 일상에서 이용하기에 서울 힐튼의 문턱은 높았다. 서울에서 가장 많은 사람들이 모이고 지나치는 서울역 앞에 위치했지만 시각적으로 가려지고, 근대건축 미학이 근대화를 지상과제로 삼았던 우리의 정서와 잘 통할 수 있었음에도 불구하고 서울 힐튼이 일상의 옆에 두기에 우리는 아직도 가난했고 삶의 여유가 없었다.

최근의 결정들을 바라보며

2023년 11월 23일 신문에 서울시 도시계획위원회 수권소위원회에서 「서울 힐튼 도시정비형 재개발사업 정비계획 결정 변경안」이 수정 가결되었다는 기사가 실렸다. 입지 특성과 기존 건축물 활용 등을 종합적으로 고려해 정비계획을 수립했다고 한다.

서울시에서는 정비계획을 통해 남산뿐 아니라 한양도성 및 역사문화환경 보존 지역 그리고 서울 힐튼이 가진 건축사적 가치를 살리고자 했다고 한다.

사업자는 서울 힐튼의 메인 로비를 보존하겠다고 했고, 서울시 도시계획위원회는 이를 승인할 것으로 보인다. 계획안에서는 재개발사업에서 로비의 계단, 기둥 등 형태 및 재료를 보존하고 주 가로변인 소월로에서 진입할 수 있도록 접근 편의성을 높였다고 한다.

서울시의 '한양도성 및 역사문화환경'을 보존하면서 서울 힐튼이 가진 건축사적 가치를 살리겠다는 설명은 많은 고민 끝에 합리적 결론을 이끌어낸 것처럼 보이지만, 중요한 가치가 빠져 있다.

서울 관문 앞 도시환경을 바꾸고, 수출주도 경제로 오늘의 대한민국 입지를 구축하는데 크게 기여한 현장으로 대한민국 건축의 격을 몇 단계 높인 현대건축이라는 가치에 대한 배려가 빠진 것이다. 이 가치가 반영되었다면, 도시계획위원회를 통과한 수정안에서 보존해야할 대상이 '메인 로비'에 그치지 않았을 것이다.

서울 힐튼 보존 이슈의 교훈과 과제

서울 힐튼 철거 소식이 건축계에 전해지자 건축계는 하나의 목소리를 냈다.

2022년 2월, '근대도시건축연구와실천을위한모임(약칭 근대도시건축연구회)'에서는 '남산 힐튼호텔, 모두를 위한 가치'라는 주제로 보존과 개발이 공존할 수 있는 아이디어를 모으는 공모전을 개최했으며, 이 공모전에는 20세기 근대건축의 역사적 성과의 유산을 보존하기 위해 모인 단체인 '도코모모 인터내셔널(Docomomo International)'의 적극적인 지원이 있었다. 공모전에서는 서울 힐튼 자체의 리노베이션을 통해 보존의 장기적 대안을 모색하는 아이디어와 서울 힐튼이 위치한 양동지구 전체의 구조 속에 해결하는 다양한 아이디어가 제시되고 공유되었다.

책으로 발간된 『남산 힐튼호텔, 모두를 위한 가치』

2022년 4월 8일에는 가칭 '양동정비지구와 서울 힐튼의 미래를 생각하는 모임'(근대도시건축연구회, 대한건축사협회, 새건축사협의회, SPACE, 오픈하우스서울, 와이드AR, 정림건축문화재단, 한국건축가협회, 한국건축역사학회)이 '남산 서울 힐튼과 양동정비지구의 미래'에 관한 심포지엄을 개최하여 서울 힐튼 보존을 서울 힐튼에 국한된 문제가 아니라 양동지구 전체의 문제 차원에서 해법을 찾고자 했다.

2022년 4월 16일에 개최된 '건축역사학회'와 '근대도시건축연구회'가 공동으로 주최한 학술세미나에서는 '한국현대건축의 보존, 서울 힐튼이 답하다'를 주제로 '서울 힐튼 철거와 보존'이 우리사회에서 왜 중요한 지에 관한 건축학계의

'남산 서울 힐튼과 양동정비지구의 미래'에 관한 심포지엄 포스터

논의가 있었다.

2023년 4월 12일에는 문화예술 전문 디지털 미디어인 〈컬처램프〉가 기획한 '건축가 김종성과의 만남: 서울 힐튼 철거와 보존 사이'라는 좌담회가 개최되어, 시민들이 서울 힐튼의 설계자로부터 서울 힐튼과 보존에 관한 생각을 직접 듣는 기회가 마련되기도 했다.

이와 같은 노력이 부담이 되었을까? 건축주는 개발사업으로서는 드물게 (비공개)지명설계공모를 통해 아이디어를 구했고, 공모에 응했던 사무소중에는 불리할 것을 예상했음에도 불구하고 서울 힐튼을 보존하면서도 적극 활용하여 사업성을 맞추는 제안을 제출한 설계사무소도 있었고, 최소한의

'건축가 김종성과의 만남: 서울 힐튼 철거와 보존 사이' 좌담회 포스터

보존을 제안한 설계사무소도 있었다고 한다.

건축계에서는 드물게 '서울 힐튼 보존'을 요구하는 하나의 목소리가 있었고, 보존을 외치는 목소리의 여운도 길었으며, 시민과 문화계의 지원도 있었지만 의미 있는 보존 성과를 거두는 데는 실패했다. 다소 위안이 되는 결과가 있었다면, 2023년 11월 서울시 도시계획위원회에서 '메인 로비'를 구성하는 계단, 기둥 등 형태 및 재료를 보존하겠다고 발표한 점이다.

건축가 김종성은 서울 힐튼을 원 모습대로 보존할 수 없다면, 자신의 건축철학인 '구조, 공간, 비례, 재료'의 합목적적인 결과를 보여주는 '외피와 아트리움'만은 보존되었으면 좋겠다는 생각을 밝힌 바 있지만, 이 마저도 부분적으로 받아들여진 셈이다.

서울 힐튼이 약간의 흔적만을 남긴 채 사라질 운명에 처했지만, 마지막으로 '아트리움'의 보존을 위한 마지막 작업에 임할 건축가 또는 건축주에게 부탁하고자 한다.

'아트리움'은 분명 서울 힐튼에서 매우 중요한 부분이지만, 동시에 건축가 김종성의 건축 인생에서도 가장 중요한 부분이라는 사실이다. 김종성은 세계적인 거장 '미스'의 제자로 미스 건축의 본질을 우리에게 소개한 건축가로 평가되고 있지만, 미스의 건축을 충분히 소화해 낸 건축가 김종성은 자신의 건축을 탐구했고, 서울 힐튼 외에 '육군사관학교 도서관', '서울역사박물관', '서울대 박물관'은 자신의 건축이 미스의 건축과 공간에서 어떻게 진화했는지를 잘 보여준다. 특히 '서울 힐튼'의 메인 로비를 통해 자신의 건축과 공간이 미스와 차별화되는 가치를 구현해 냈다. 서울 힐튼의 메인 로비에 위치한 아트리움은 여느 아트리움과 달리 천장의 빛이 계단을 통해 아래층을 향한 계단을 통해 바닥까지 비춰진다. 이는 경사진 지형이 발달한 우리의 땅을 적극 받아들인 결과로 미스의 건축은 물론 누구의 건축에서도 찾을 수 없는 공간이다. 미스가 도시의 미래는 생각했지만, 땅에 대한 배려가 없었던 점과 비교되는 부분이기도 하다.

사업자가 건축가 김종성의 건축적 성취를 가장 잘 보여주는 '아트리움'을 보존하겠다고 했으니, 새 사업을 맡은 건축가는 '아트리움'을 새 사업을 장식하는 요소가 아닌 '아트리움'을 통해 사라질 서울 힐튼의 가치와 김종성 건축의 성취를 우리 모두와 후속 세대가 공유할 수 있는 건축적 해법을 보여주기 바란다.

이제 서울 힐튼의 전체 모습은 역사 속으로 사라지겠지만, 서울 힐튼의 철거에 대한 건축계의 보존을 향한 목소리는, 지금까지 우리사회에서 역사적으로 사회적으로 건축적으로 의미 있는 건물들의 보존과 개발 논쟁이 철거를 향한 통과의식에 그치고 말았던 역사를 반성하고, '우리 삶의 현장과 시대를 담은 건축'은 '건축가 개인의 성취를 넘어선 우리 모두의 자산'이라는 사회적 공감대를 확산하는 기회가 되고, 〈컬처램프〉의 작업이 이러한 바람을 확산시키는 기폭제가 되기를 희망한다.

2023년 11월 22일 열린 서울시 도시계획위원회 분과소위원회에서 서울 힐튼이 포함된 서울 중구 양동 도시정비형재개발구역 제4-2, 7지구 정비계획 변경 결정(안)이 수정 가결됐다.

변경된 정비계획(안)에는 재개발사업 시행시 로비의 계단·기둥 등 형태 및 재료를 보존하는 방안이 담겼다. 또한, 소월로에서 진입할 수 있도록 접근 편의성을 높여 외부와 로비 공간의 시각적 연계를 강화하는 계획 등이 담겨 있다.

보존에 대한 제안

김종성

2023년 11월 22일 서울시 도시·건축 소위원회는 서울 힐튼의 로비는 부분 보존하며 타워는 철거한다는 결정을 내렸고, 그 내용은 23일자 언론매체에 발표되었다. 그러나 듣기 좋은 '로비 부분 보존'이 서울시 보도자료를 보면, 기둥과 계단을 새로 짓는 건물에 남겨 놓는 것에 불과했다. 현 로비 1층의 벽은 모두 철거하여 투명한 유리벽 안에 야외 공간 같은 분위기의 박제된 옛 로비의 일부를 남기게 한다는 결정문은 교묘한 자구의 선택으로 보였다. 이에 나 또한 힐튼 이야기에 의견을 피력하지 않으면 안 되겠다는 판단에 도달했다.

내가 지난 20여개월 여러 언론 매체 또는 심포지움을 통하여 주장한 것은 첫 번째로 객실타워는 주거용도 또는 상업지역내의 오피스텔로 새로운 기능을 부여하여 활용하자는 것과, 두 번째로 18m 높이의 로비 아트리움에서 몇 개의 마감재료인 브론즈 구조 마감재, 트래버틴 바닥, 녹색 대리석 엘리베이터 코어, 1.5mm 두께의 참나무 베니어로 마감한 파넬링 벽으로 이루어지는 '공간'을 보존하자는 것이다. 서울시 보도자료에 외부에서 옛 로비공간으로의 접근성을 높이겠다는 취지가 표현되어 있는 바, 현 로비의 참나무 파넬로 구성된 벽면의 하부 약 2.4m 정도 높이를 제거하고 유리 외벽을 끼우고 접근로 여러 곳에 출입문을 배치하는 것은 충분히 검토할수 있는 대안이며 새로 개발되는 기능들은 저층부에서 보존되는 공간과 융통성 있게 연결될 수 있다.

저층 로비에서 4.8m 위에 있는 현재 1층, 그 위 7.2m 높이에 있는 2층, 그 위에 6m 높이의 외피와 톱라이트가 배치된 지붕이 어떤 새로운 모습으로든지 재구성되어야 '보존'이란 개념이 산다는 것을 나는 여기에 후기로 남긴다.

서울 힐튼을 배경으로 포즈를 취한 김종성 건축가 (2022년 5월 19일)
〔사진 : 송인호〕

에필로그

글을 마치며

에필로그. 글을 마치며

서울 힐튼의 마지막

서울 힐튼은 2022년 12월 31일 영업을 종료했다. 문 닫힌 서울 힐튼은 어떻게 되어 있을까 궁금하던 차에 2023년 9월 12일 이덕노 힐튼 양복점 대표 인터뷰를 하면서 들어가 볼 수 있었다. 이 대표 대동 하에 2층과 1층, 지하층, 그랜드볼룸, 카지노 등을 둘러보는 동안 멀리서 관리담당자들이 우리의 움직임을 주시하는 눈빛이 느껴졌다.

로비홀은 바닥의 카페트를 비닐로 싸고 테이프로 붙여 놓았다. 습기가 차면서 이곳이 부식되기 시작해 비오는 날은 냄새가 엄청나다고 이 대표는 말했다. 창문은 굳게 닫혀있고 쇼케이스 들에는 먼지가 뿌옇게 쌓여있다. 계단을 내려가 입구홀로 갔다. 바닥에 깔린 대리석(로만 트래버틴)은 여전히 안정적인 색채와 분위기를 내고 있다. 오랫동안 청소를 하지 않았을 텐데 부드러운 베이지 색이 공간 전체를 안정된 느낌으로 받쳐준다. 김종성 건축가는 이런 상황을 예견했을까. 로마의 오래된 유적지에 가도 로만 트래버틴으로 지어진 공간은 현재성을 느끼게 해 준다.

크리스마스 때면 장안의 어린이들을 달뜨게 만들었던 힐튼 트레인이 계단을 따라 분수가 놓여있는 중앙에 설치되어 있다. 1995년부터 달려온 오래된 기차는 운행을 중단했다. 다만 자의로 멈춘 것이 아닌 것을 알기에 그 모습이 더욱 안쓰럽다. 예전에 한창 때에는 기업들이 각 객차와 주위의 건물 모형에 광고판을 달아 홍보용으로 사용했다고 한다. 기차 하나에 이지스자산운용이라는 글씨가 적혀 있다. 종이에 글씨를 프린트해 붙인 것이 영 생뚱맞아 보였다.

그랜드볼룸은 그대로이지만 폐기 처분할 가구들이 쌓여있다. 로비의 소파들은 다 치웠지만 건물 내부는 말끔한 상태로 그대로여서 마음이 놓였다. 브론즈 기둥도 그대로이고, 녹색 대리석 벽면, 오크 벽면도 저마다 가진 본연의 색을 빛내고 있었다. 세븐럭 카지노가 있던 공간은 내부 철거가 거의 마무리 되는 단계[283p 아래의 사진]였지만 서울 힐튼 본 건물은 아직 완벽하게 그대로 보존되고 있었다. 이대로 살릴 수 있다면 얼마나 좋을까 하는 생각이 간절했다.

김종성 건축가와 『힐튼이 말하다』 기획팀의 미팅 (2023년 10월 25일)
〔사진 : 최수연〕

영업 종료 이후의 서울 힐튼

〔사진 : 이강석〕

서울 힐튼 주요 도면

〔모든 도면 이미지 출처 : 국립현대미술관 미술연구센터 소장, 김종성 기증〕

계획설계 도면

– 청사진 도면

– 크기 : 75.3cm x 104.5cm / 1977년

프레젠테이션 도면

– 잉크로 그린 도면

– 건축주에게 설명하기 위한 프레젠테이션 도면 / 1983년

실시설계 도면

– 청사진 도면

– 42 x 59.4cm 크기의 도면을 반으로 접어서 엮은 도면집 / 1980~1984년

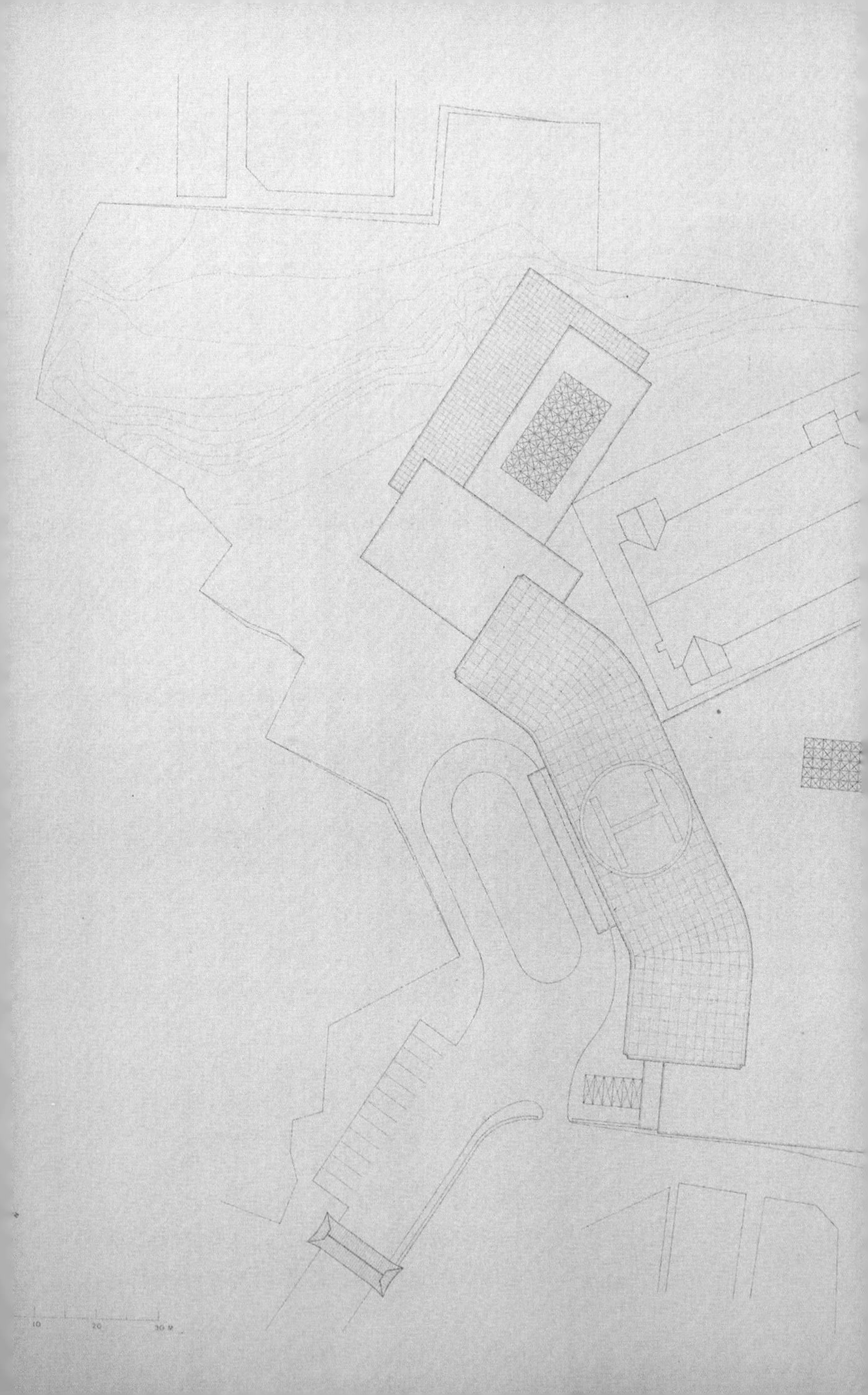
10
20
30 M

Site Plan
A 1

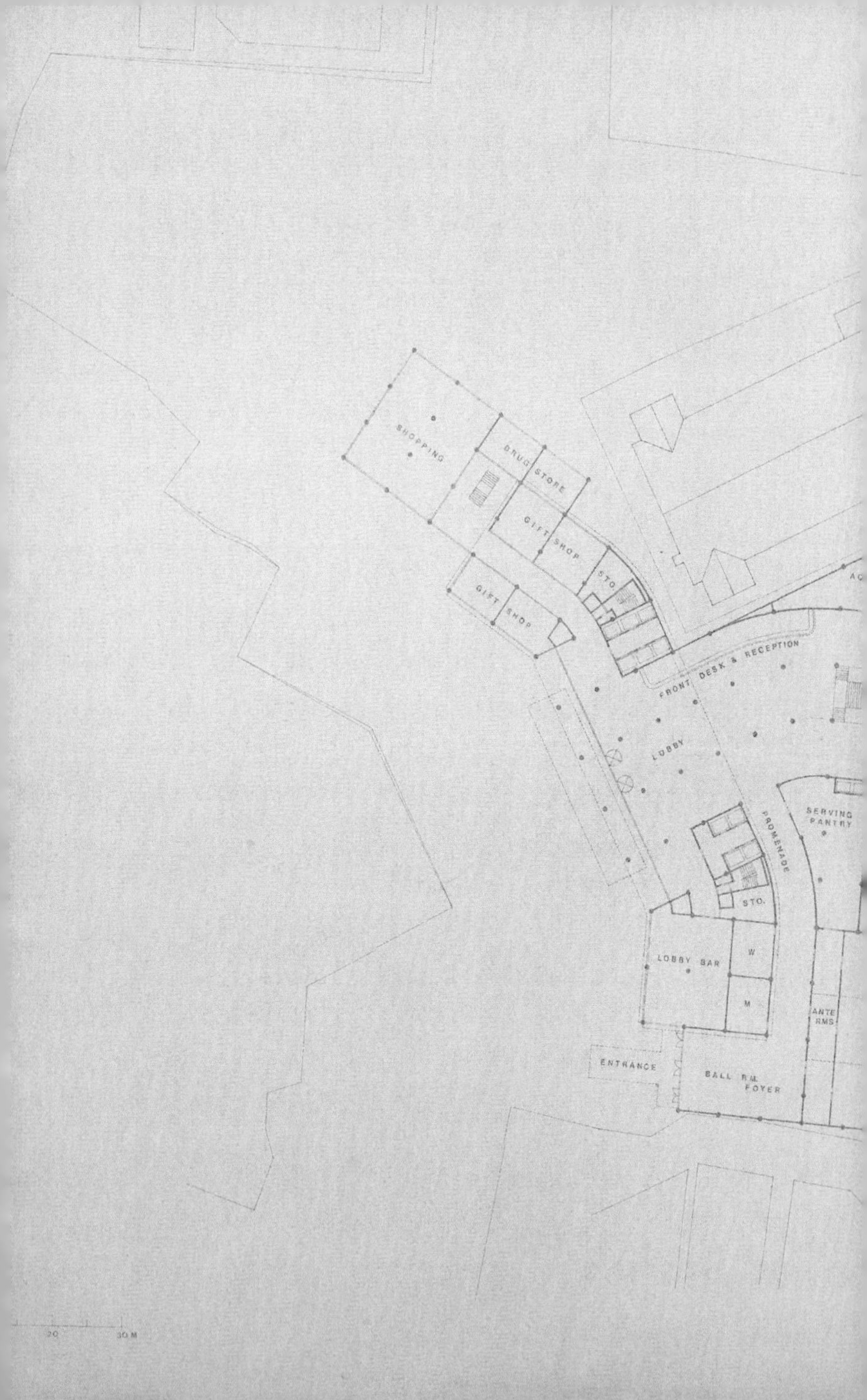

SHOPPING
DRUG STORE
GIFT SHOP
GIFT SHOP
STO.
FRONT DESK & RECEPTION
LOBBY
PROMENADE
SERVING PANTRY
STO.
LOBBY BAR
W
M
ANTE RMS
ENTRANCE
BALL RM. FOYER
20
30 M

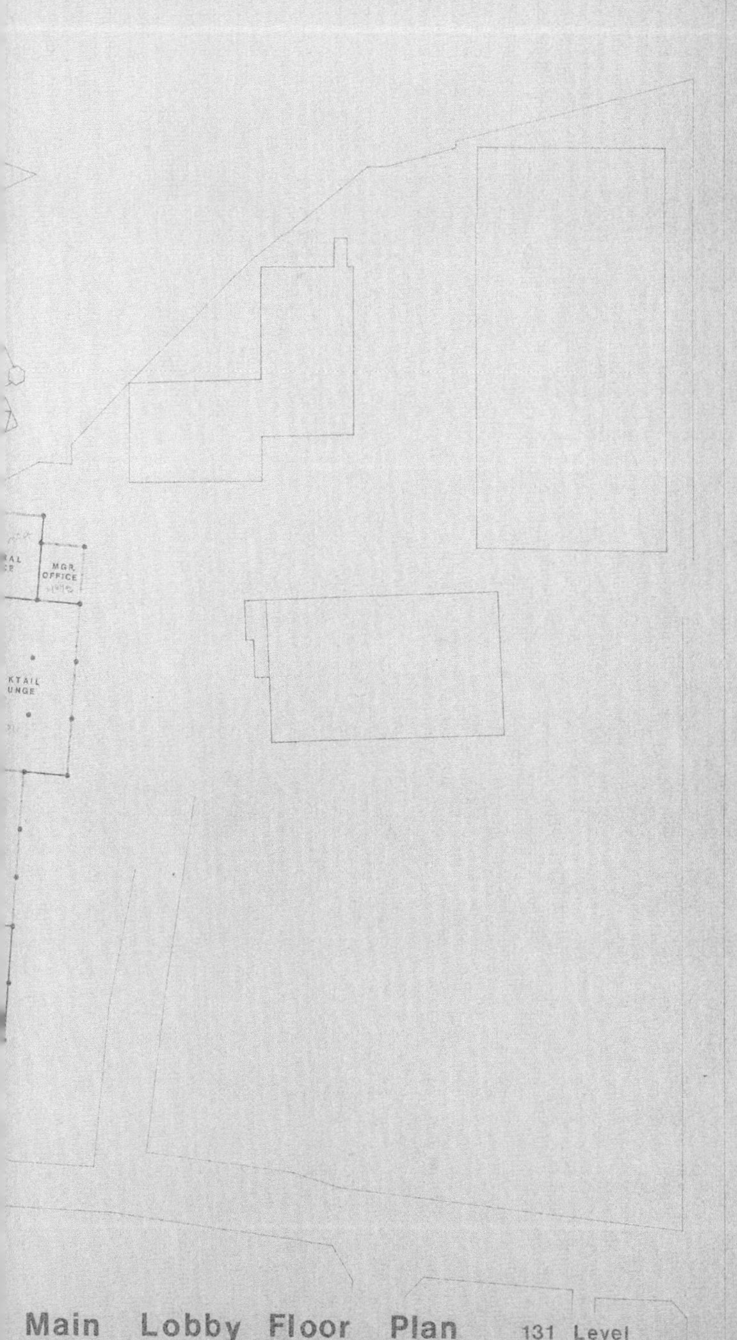

Main Lobby Floor Plan 131 Level

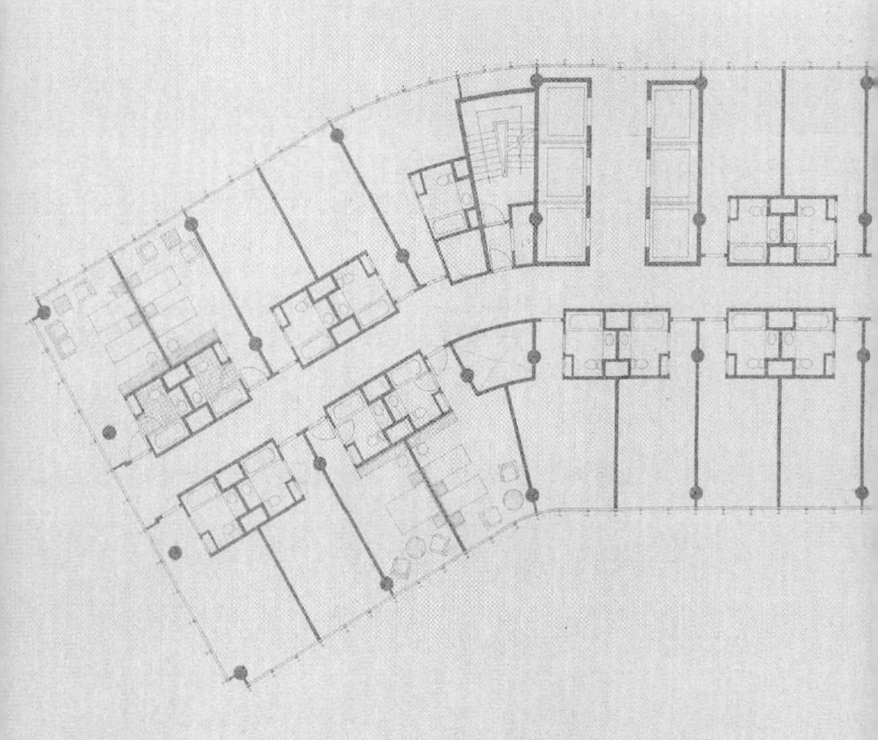

10 15 20 M

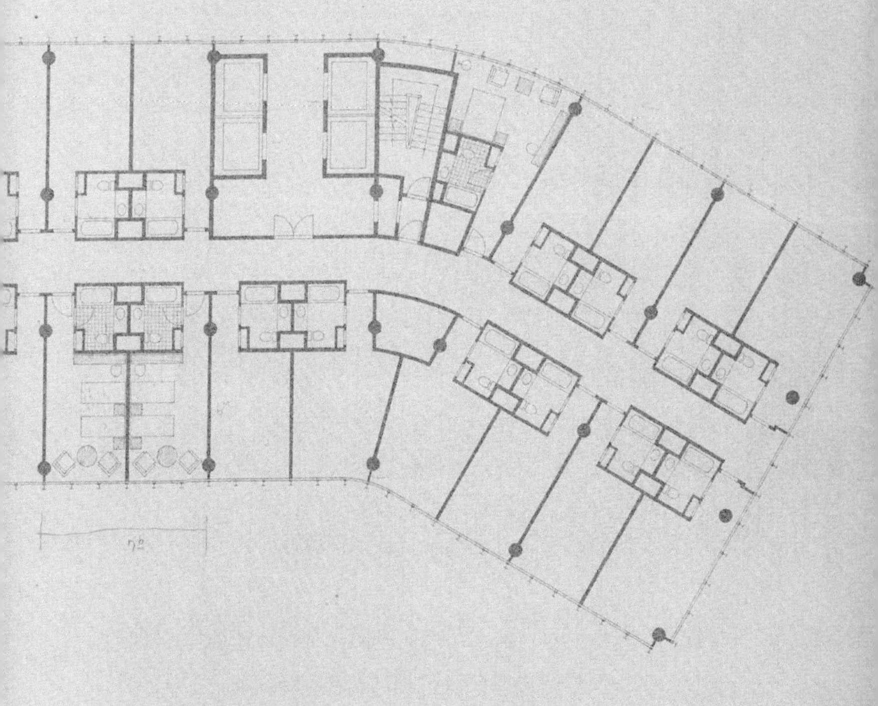

Typical Hotel Rooms Floor Plan

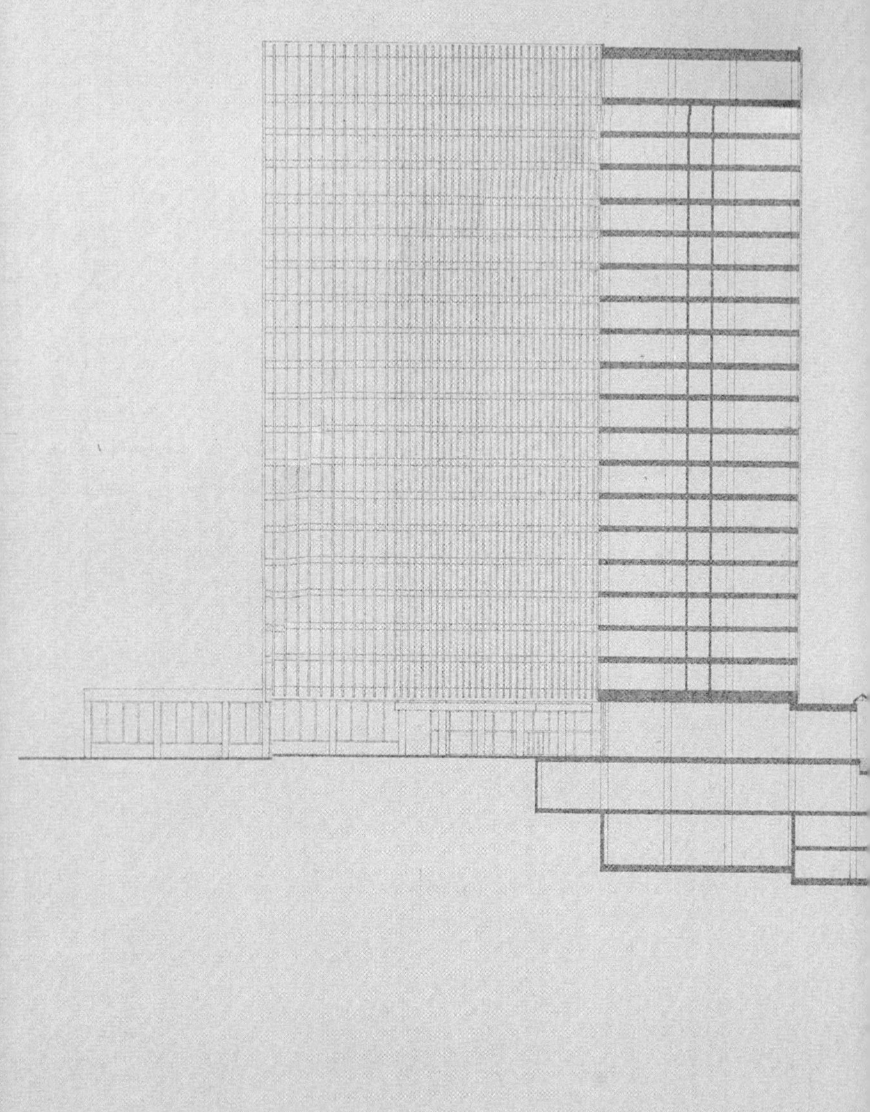

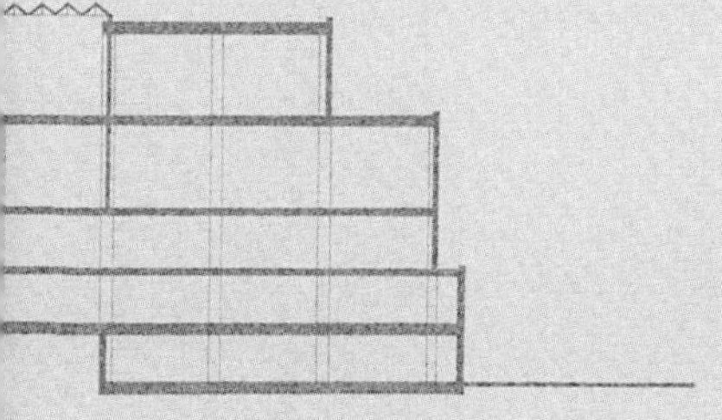

Transverse Section

SEOUL HILTON INTERNATIO

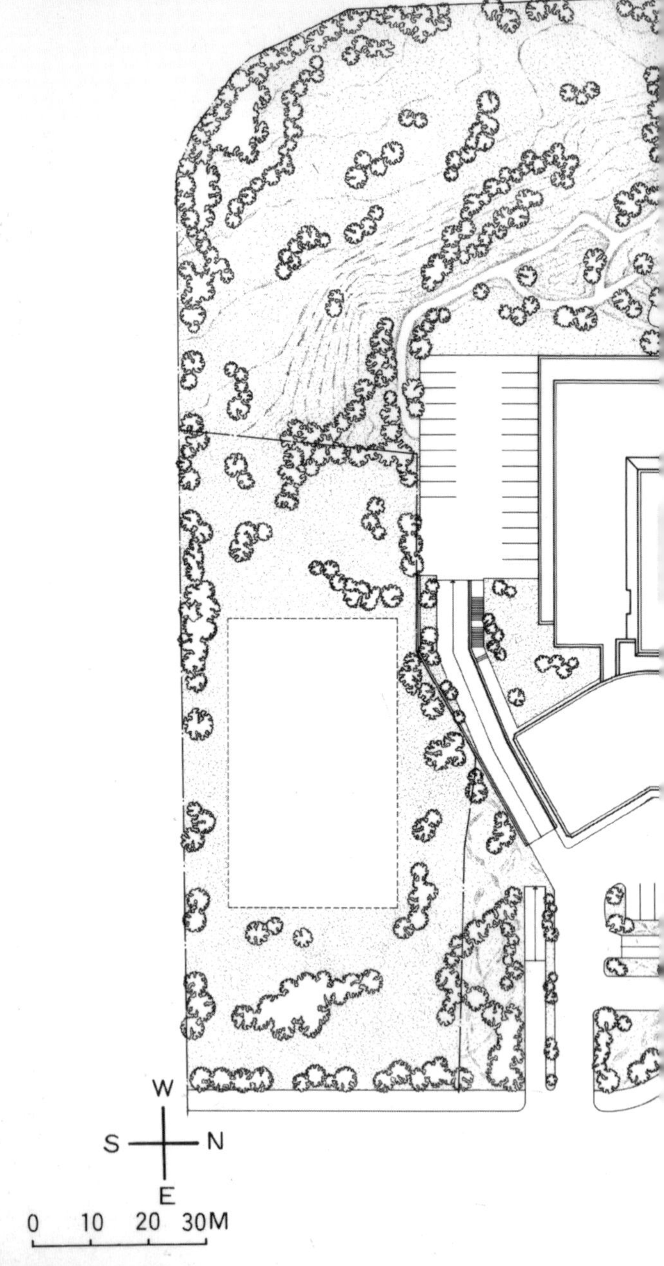

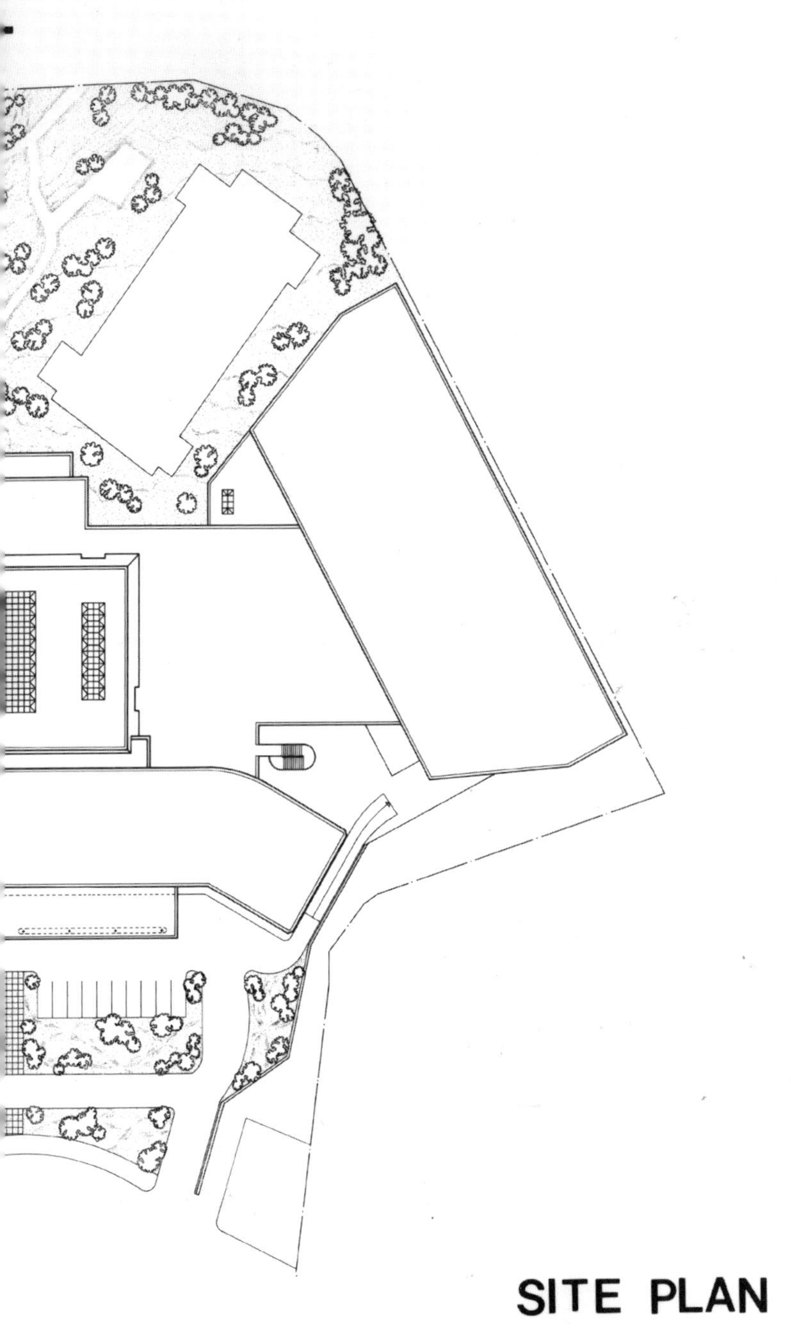

SITE PLAN

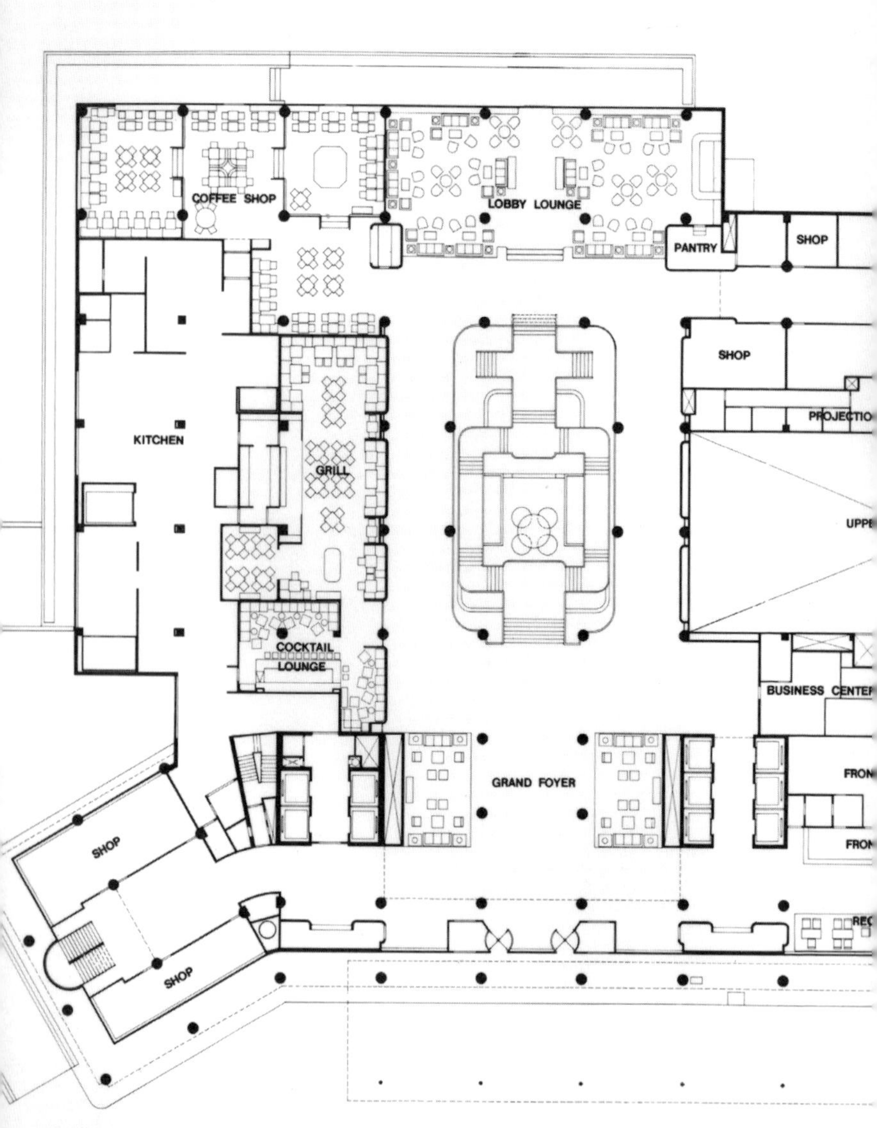
COFFEE SHOP
LOBBY LOUNGE
PANTRY
SHOP
KITCHEN
SHOP
GRILL
COCKTAIL
LOUNGE
BUSINESS CENTER
GRAND FOYER
SHOP
SHOP

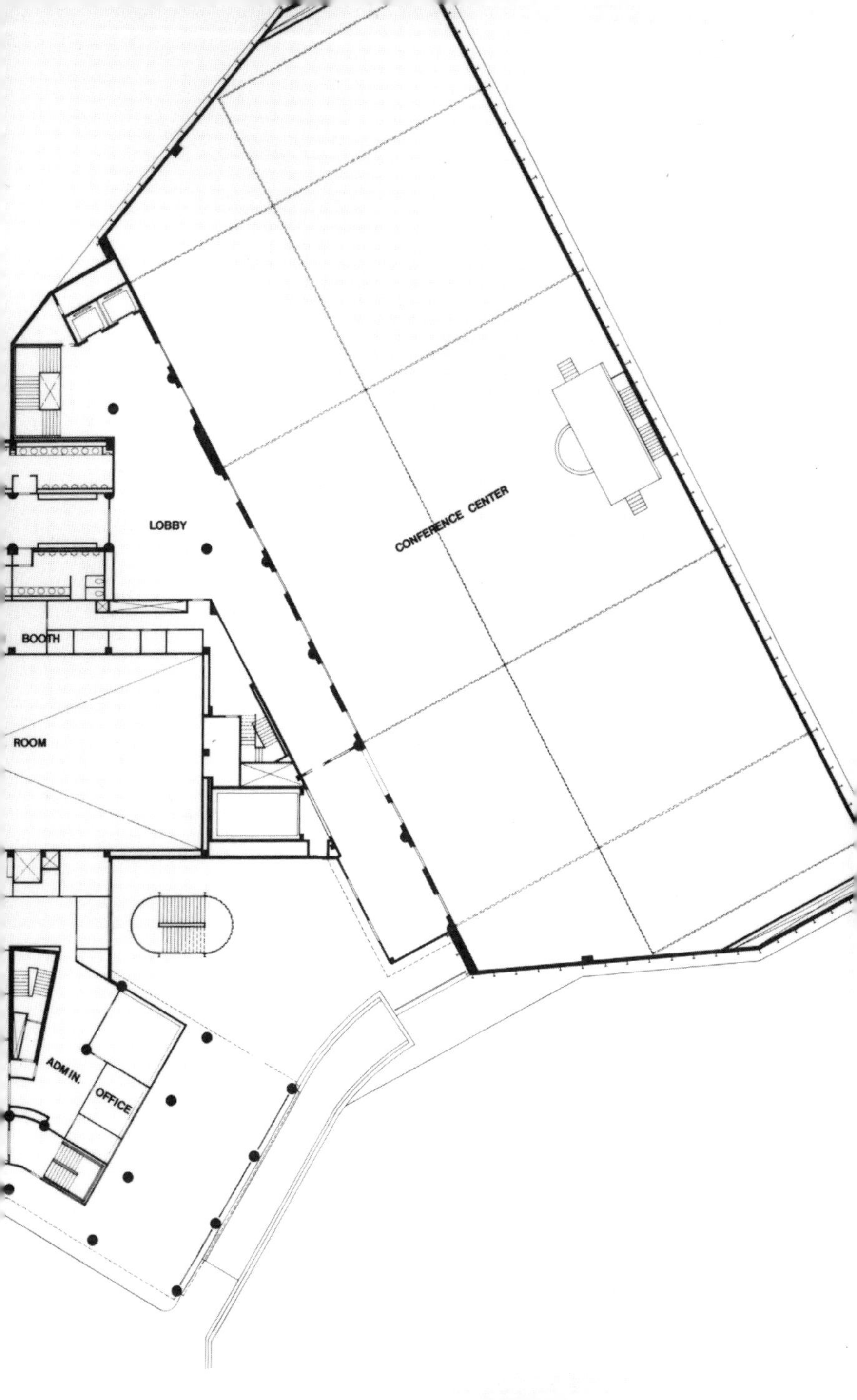
LOBBY
CONFERENCE CENTER
BOOTH
ROOM
ADMIN.
OFFICE

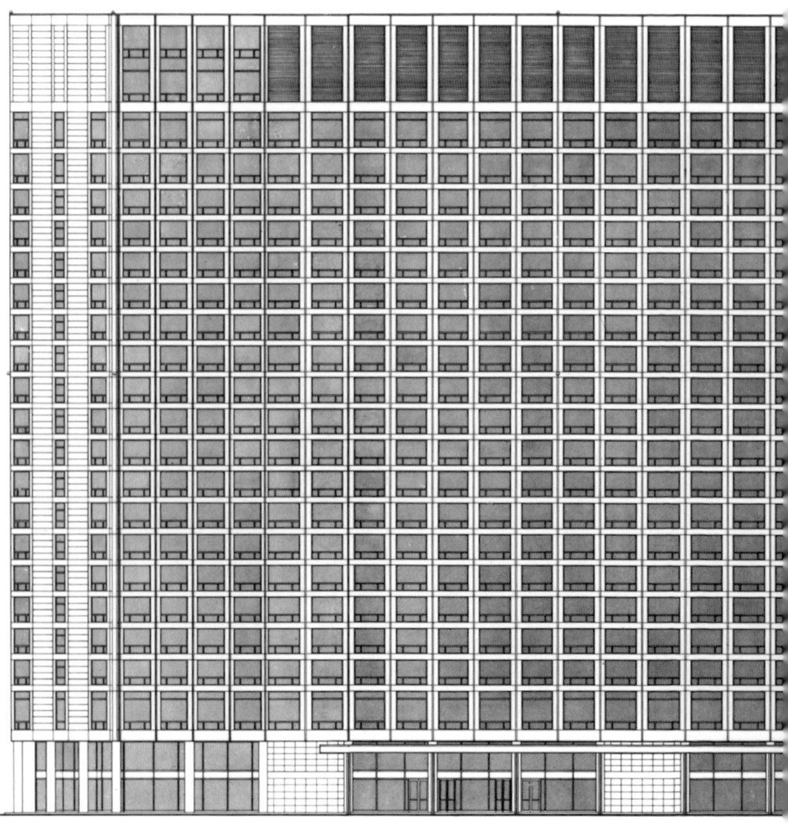

0 10 20 30M

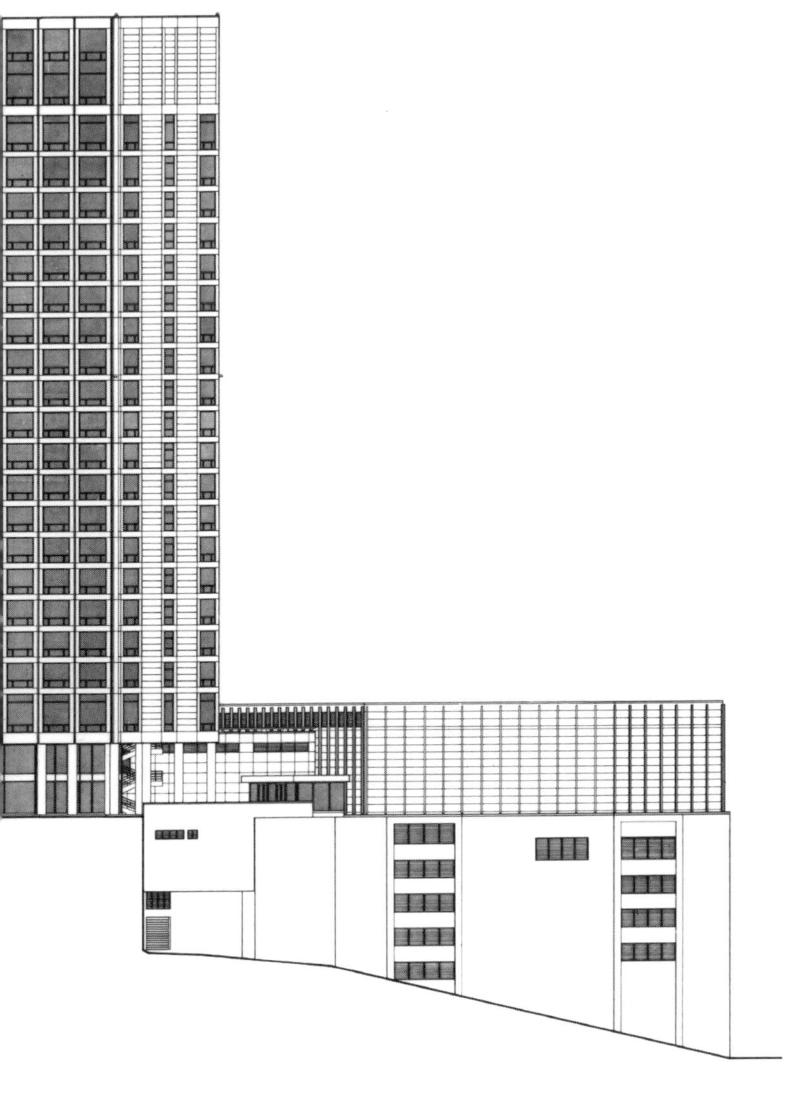

FRONT ELEVATION

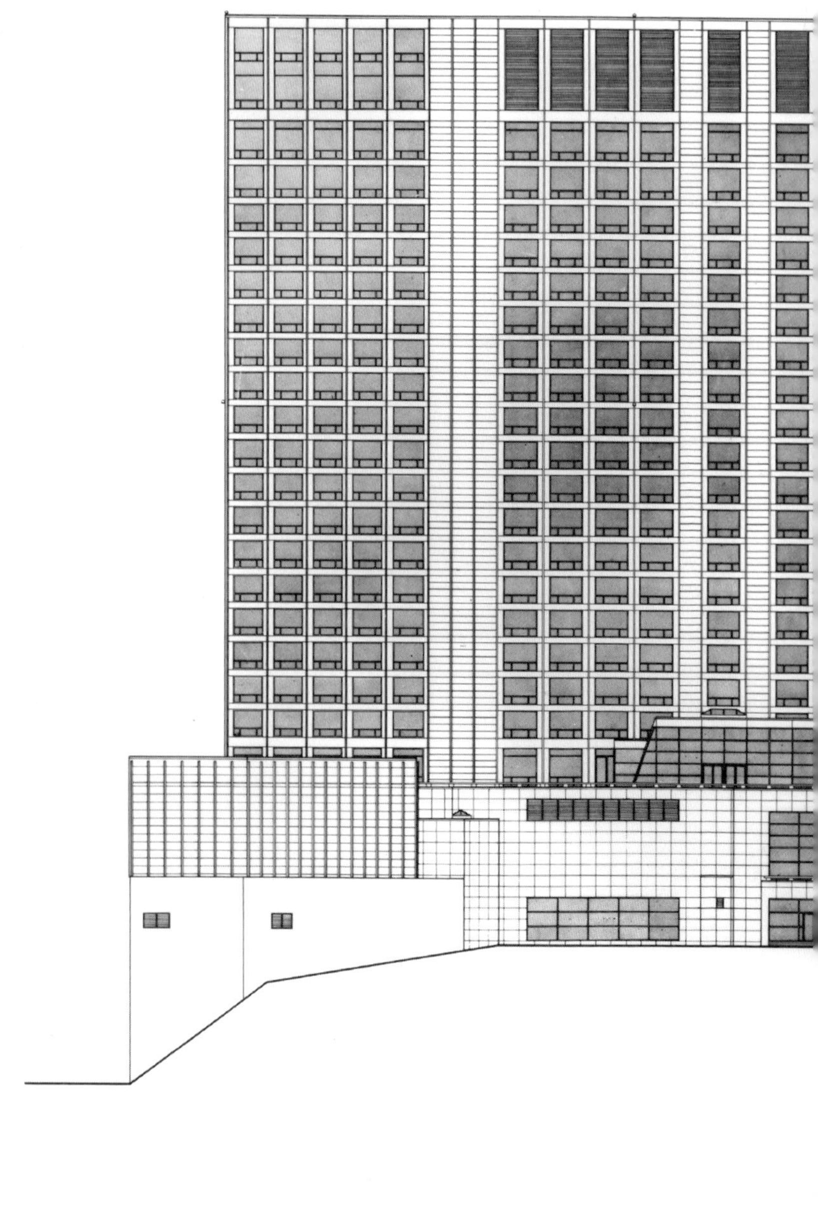

0 10 20 30M

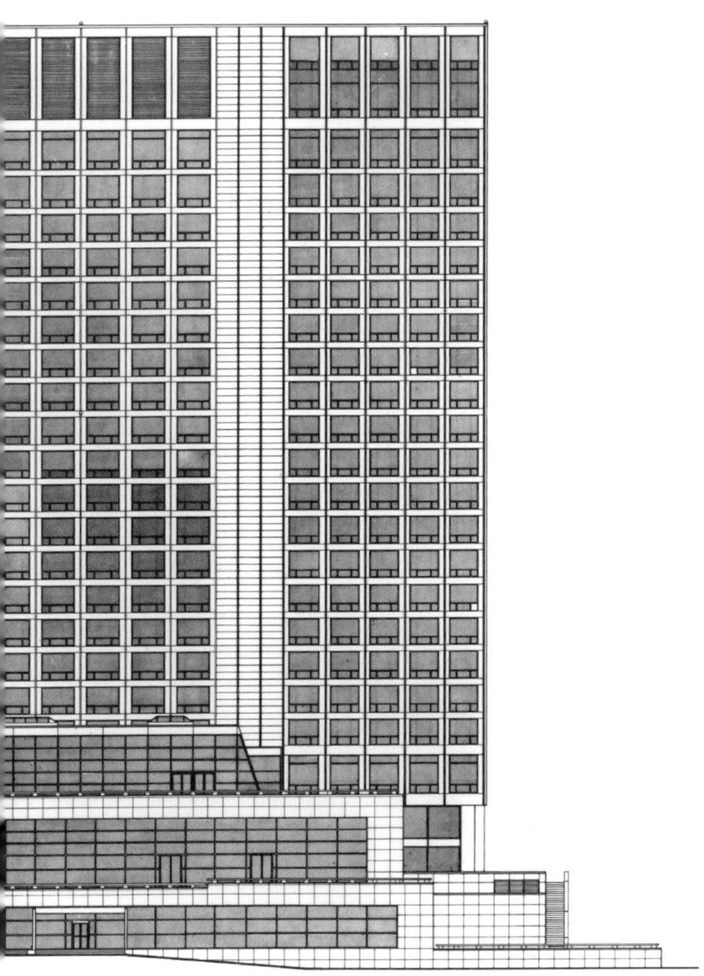

REAR ELEVATION

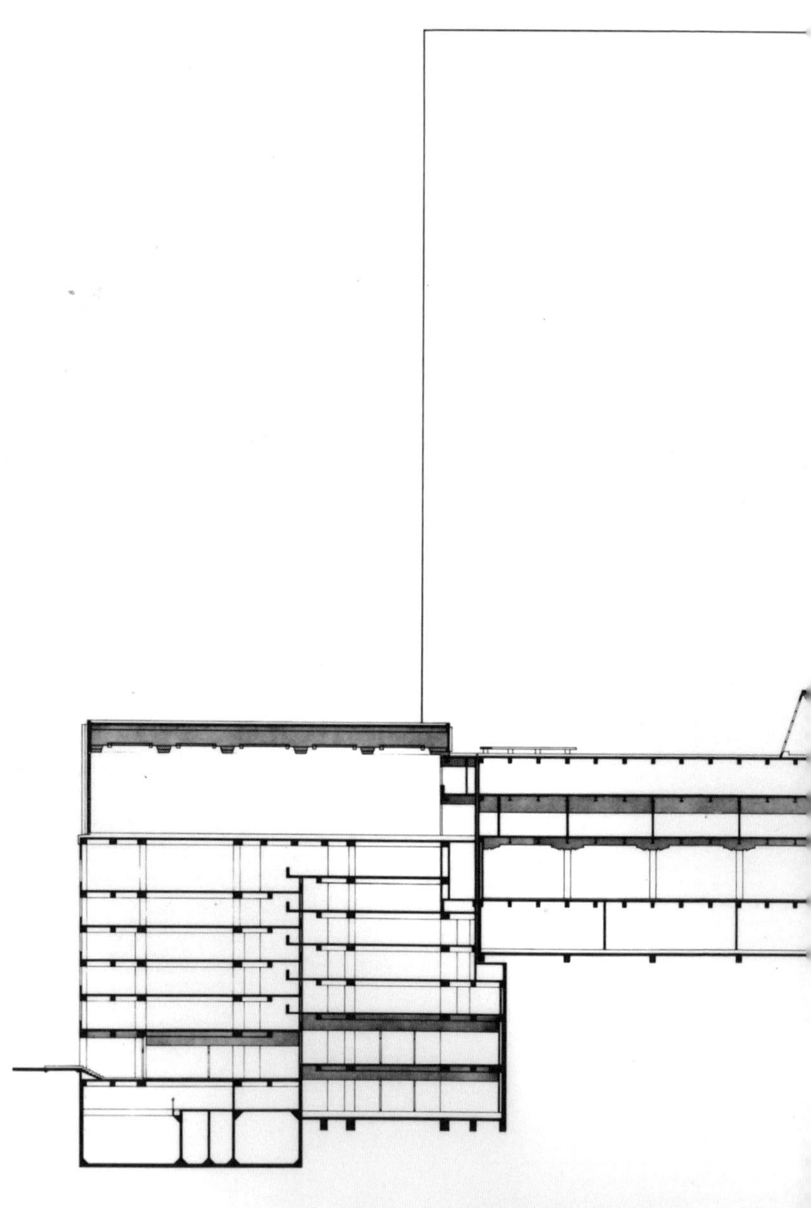

LONGITUDINAL SECTION

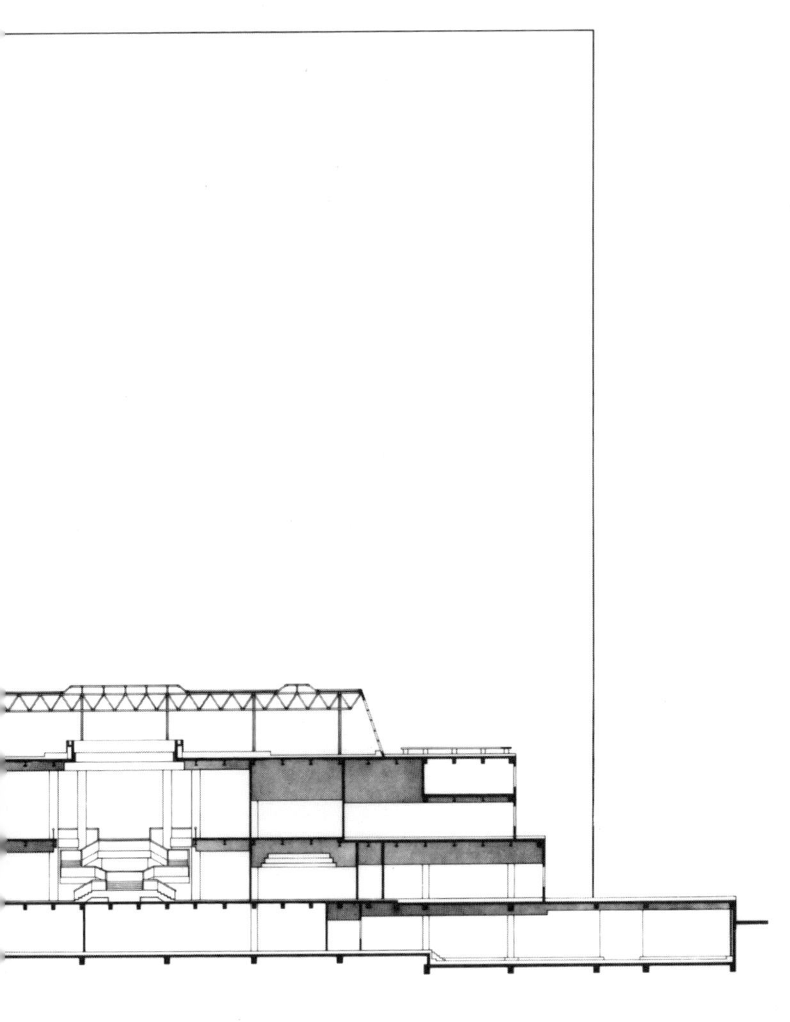
0 5 10 15 20M

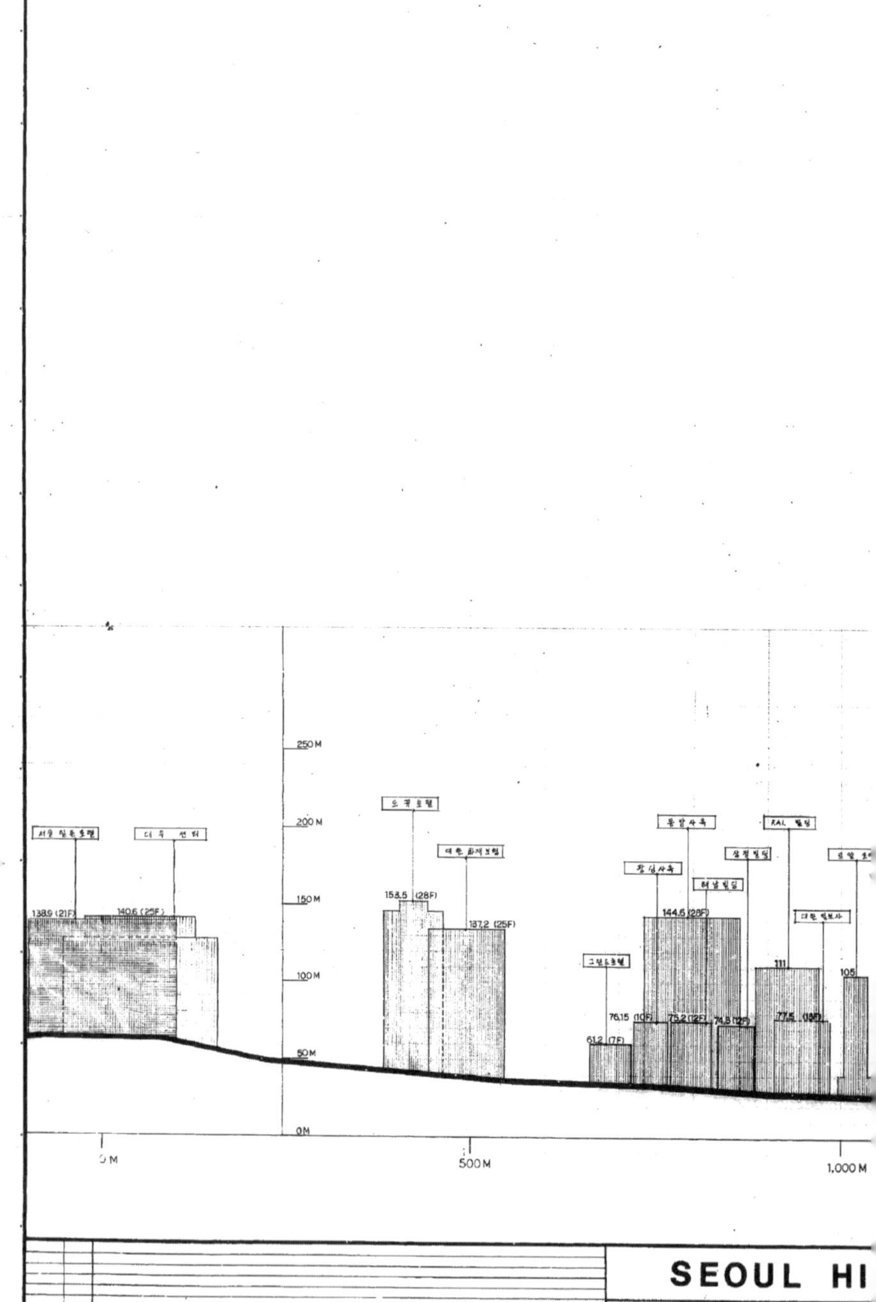

250 M
200 M
150 M
100 M
50 M
0 M
서울힐튼호텔
대우 센터
138.9 (21F)
140.6 (25F)
도큐호텔
대한화재보험
158.5 (28F)
137.2 (25F)
동방사옥
해남빌딩
삼정빌딩
KAL 빌딩
대한일보사
144.6 (28F)
111
105
61.2 (7F)
76.15 (10F)
75.2 (12F)
74.8 (12F)
77.5 (15F)
0 M
500 M
1,000 M
REVISION
DATE
SEOUL HI
JONG S. KIMM, AIA ARC
KILLINGSWORTH, BRADY & ASSOCIA

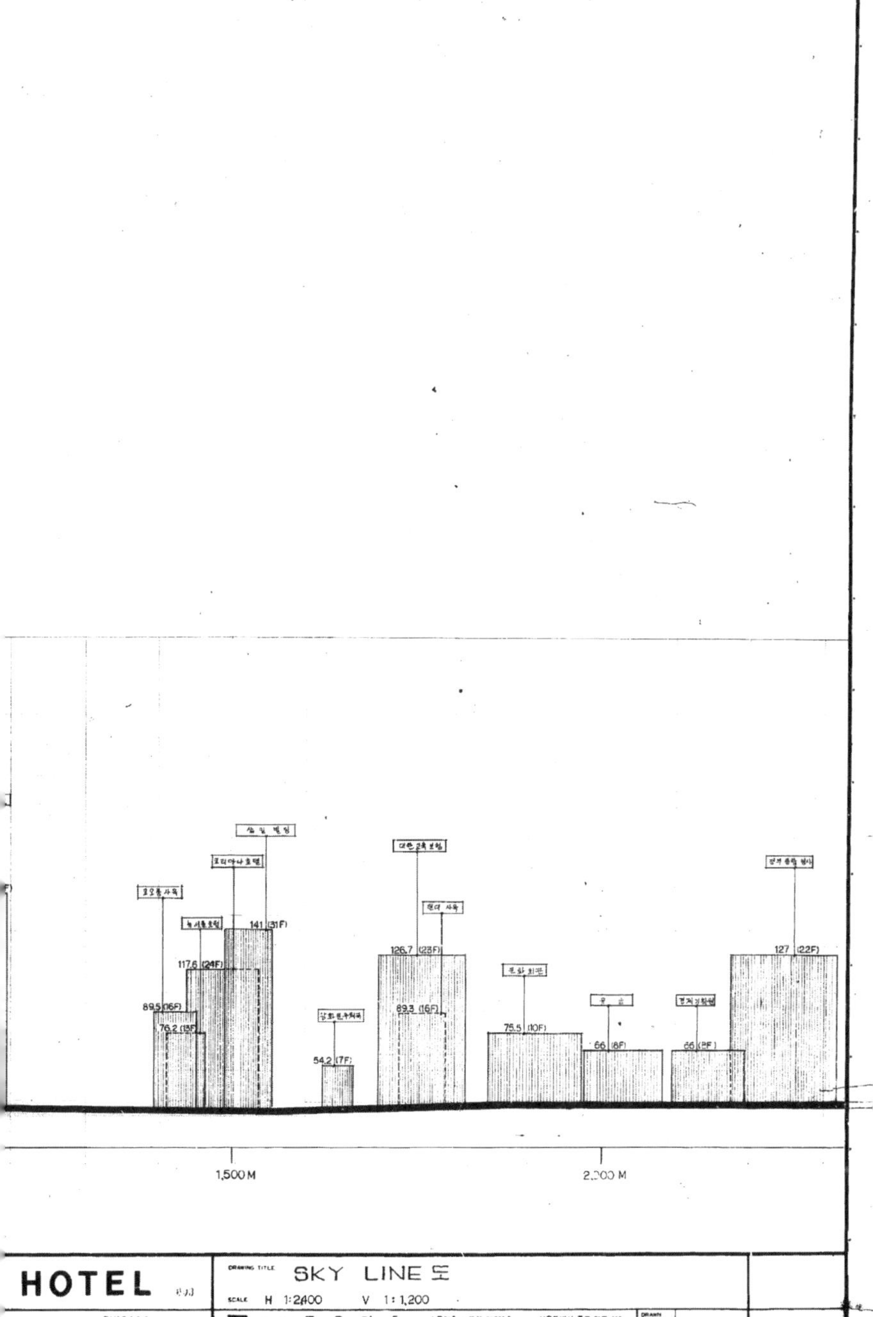

삼일 빌딩
코리아나호텔
대한교육보험
현대 사옥
141 (31F)
117.6 (24F)
89.5 (16F)
76.2 (13F)
54.2 (7F)
126.7 (23F)
89.3 (16F)
문화회관
75.5 (10F)
66 (8F)
경제기획원
66 (8F)
127 (22F)
1,500 M
2,000 M
HOTEL
CHITECTS
CHICAGO
LONG BEACH
DRAWING TITLE
SKY LINE 도
SCALE H 1:2400 V 1:1,200
주식회사 동 우 건 축
DONGWOO ARCHITECTS & ENGINEERS CO., LTD.
TEL. 771-92 23-1291
DRAWN
CHECKED
APPROVED
2A-3

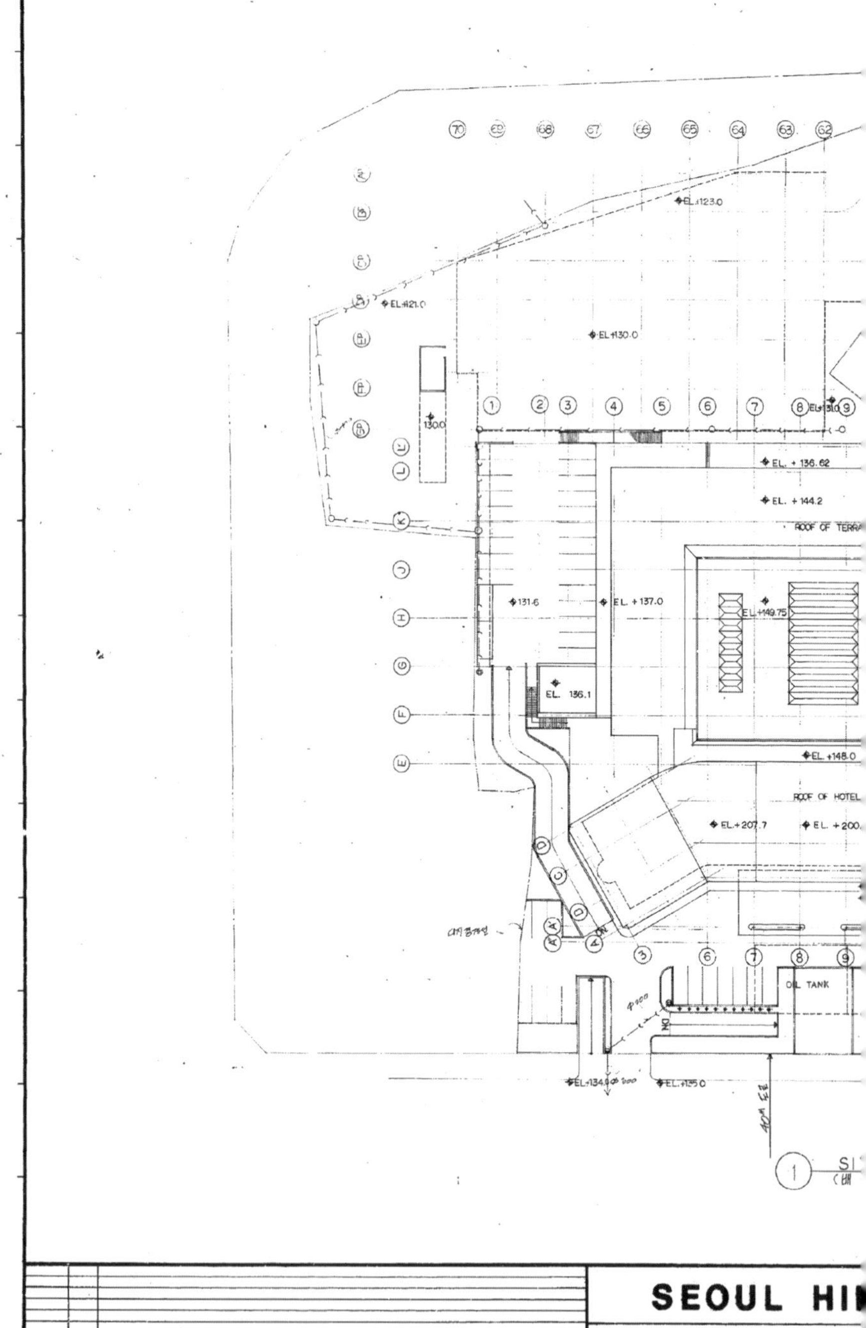
EL.+123.0
EL.+121.0
EL.+130.0
130.0
EL. + 136.62
EL. + 144.2
ROOF OF TERRA
131.6
EL. + 137.0
EL.+149.75
EL. 136.1
EL. +148.0
ROOF OF HOTEL
EL.+207.7
EL. +200.
OIL TANK
EL.+134.0
EL.+125.0
SEOUL HI
JONG S. KIMM, AIA ARCHI
KILLINGSWORTH, BRADY & ASSOCIATE
REVISION
DATE

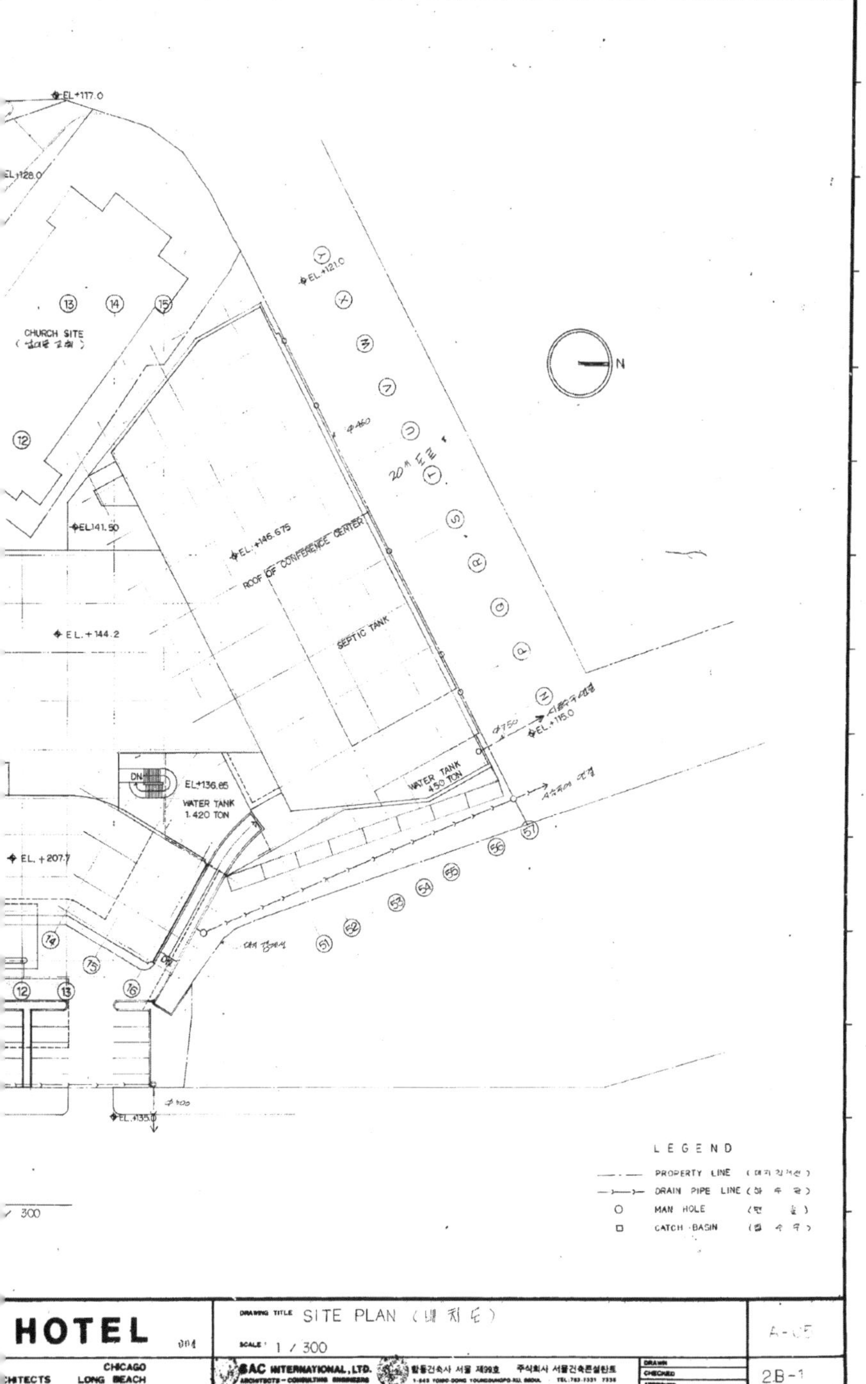
EL+117.0
EL+128.0
CHURCH SITE
EL+121.0
N
ROOF OF CONFERENCE CENTER
EL.+146.675
EL141.50
EL.+144.2
SEPTIC TANK
EL.+115.0
WATER TANK
450 TON
EL+136.65
WATER TANK
1.420 TON
EL.+207.7
EL.+135.0
LEGEND
PROPERTY LINE
DRAIN PIPE LINE
MAN HOLE
CATCH BASIN
HOTEL
CHICAGO
LONG BEACH
DRAWING TITLE SITE PLAN
SCALE 1 / 300
SAC INTERNATIONAL, LTD.
ARCHITECTS – CONSULTING ENGINEERS
DRAWN
CHECKED
APPROVED
2B-1

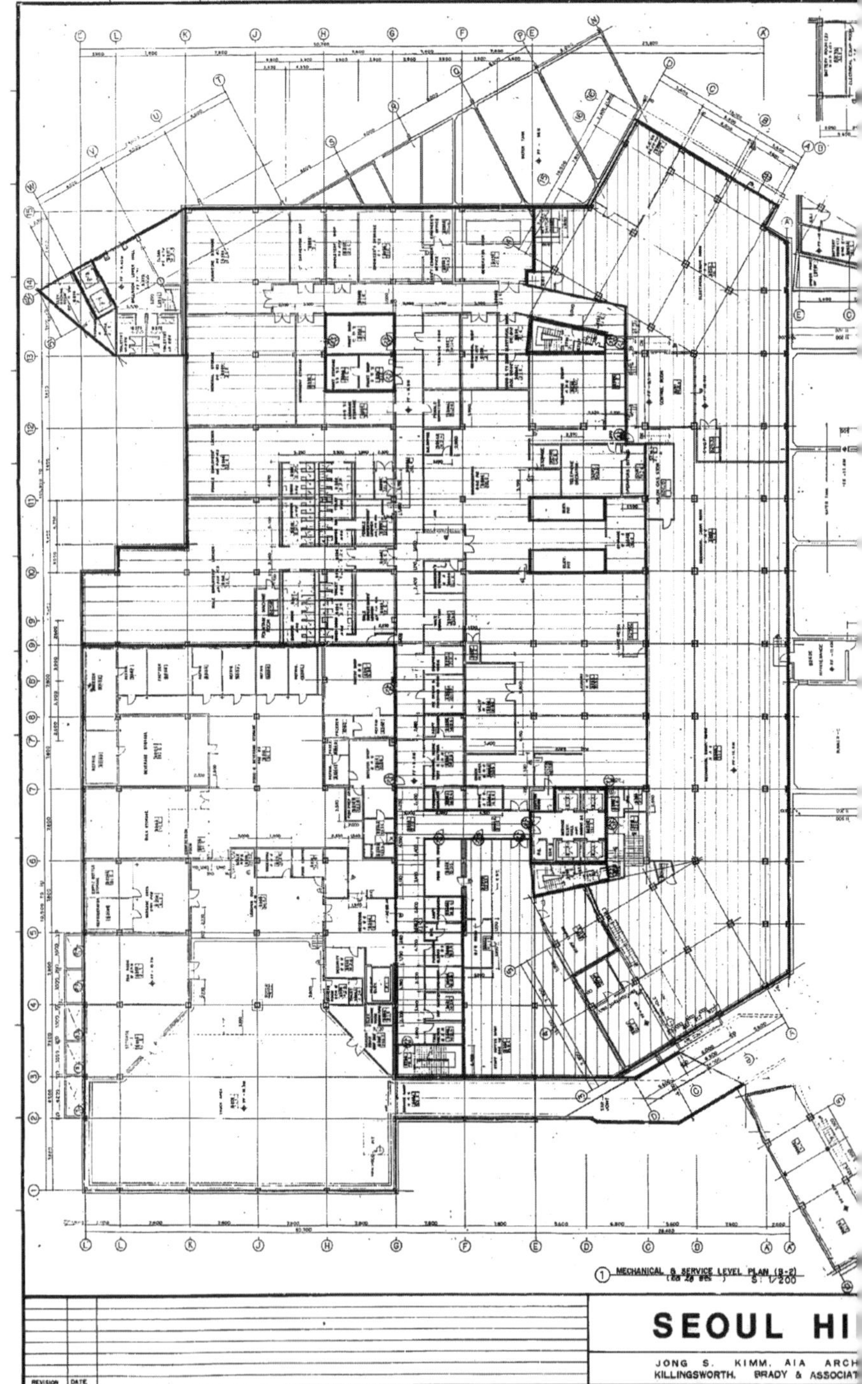

MECHANICAL & SERVICE LEVEL PLAN (B-2)
S: 1/200
SEOUL HI
JONG S. KIMM, AIA ARCH
KILLINGSWORTH, BRADY & ASSOCIAT
REVISION
DATE

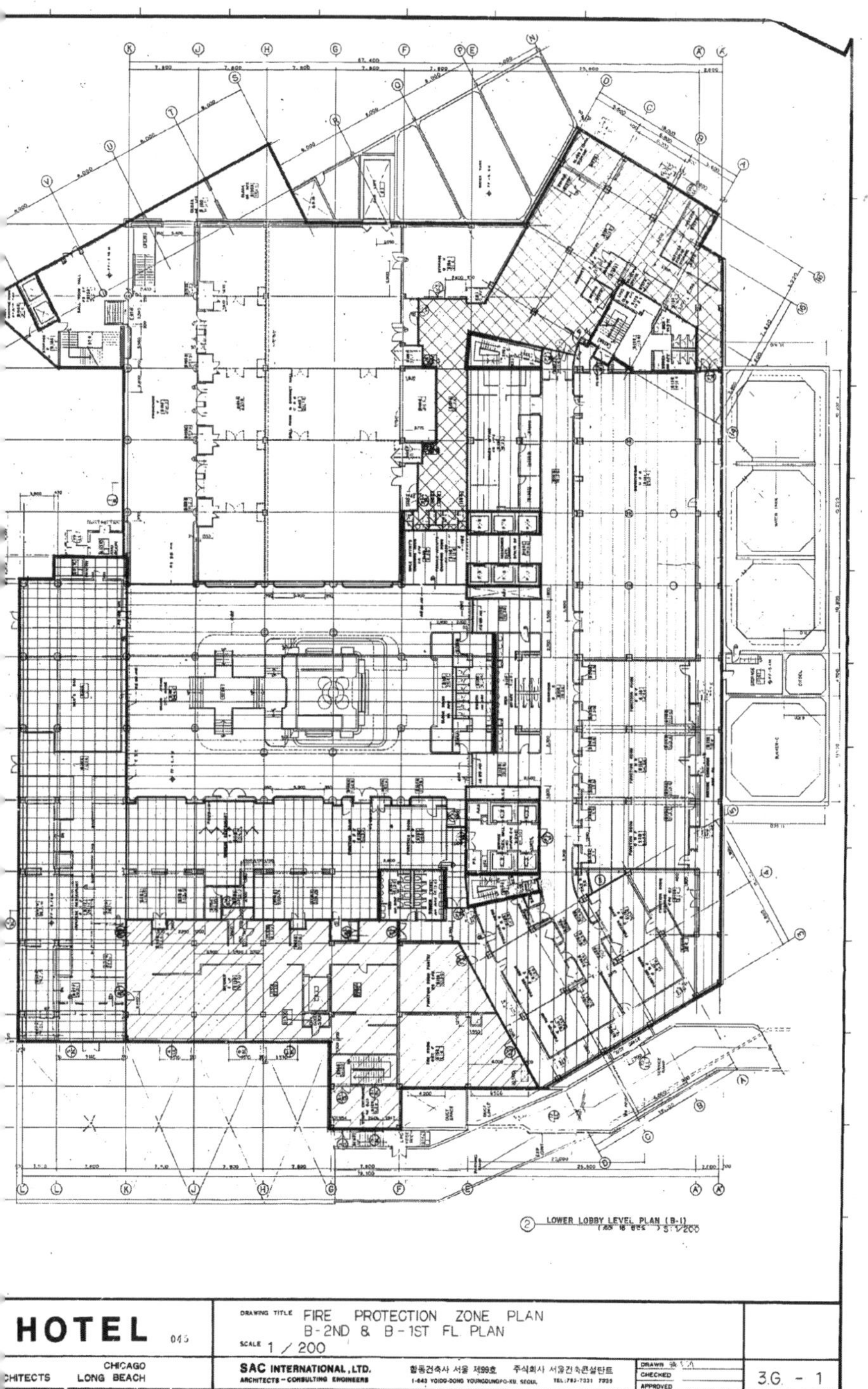
② LOWER LOBBY LEVEL PLAN (B-1)
S: 1/200
HOTEL
CHICAGO
CHITECTS LONG BEACH
DRAWING TITLE FIRE PROTECTION ZONE PLAN
B-2ND & B-1ST FL. PLAN
SCALE 1 / 200
SAC INTERNATIONAL, LTD.
ARCHITECTS - CONSULTING ENGINEERS
합동건축사 서울 제99호 주식회사 서울건축컨설탄트
1-643 YOIDO-DONG YOUNGDUNGPO-KU, SEOUL TEL: 783-7331 7335
DRAWN
CHECKED
APPROVED
3.G. - 1

LINEN ROOM
SERVICE ELEV. HALL
MANAGER'S APT. LIVING ROOM
APT. BEDROOM
ICE MACH. ROOM
FF + 12.75 M
FF + 11.00M
SEOUL HIL
JONG S. KIMM, AIA ARCHI
KILLINGSWORTH, BRADY & ASSOCIATE
REVISION
DATE

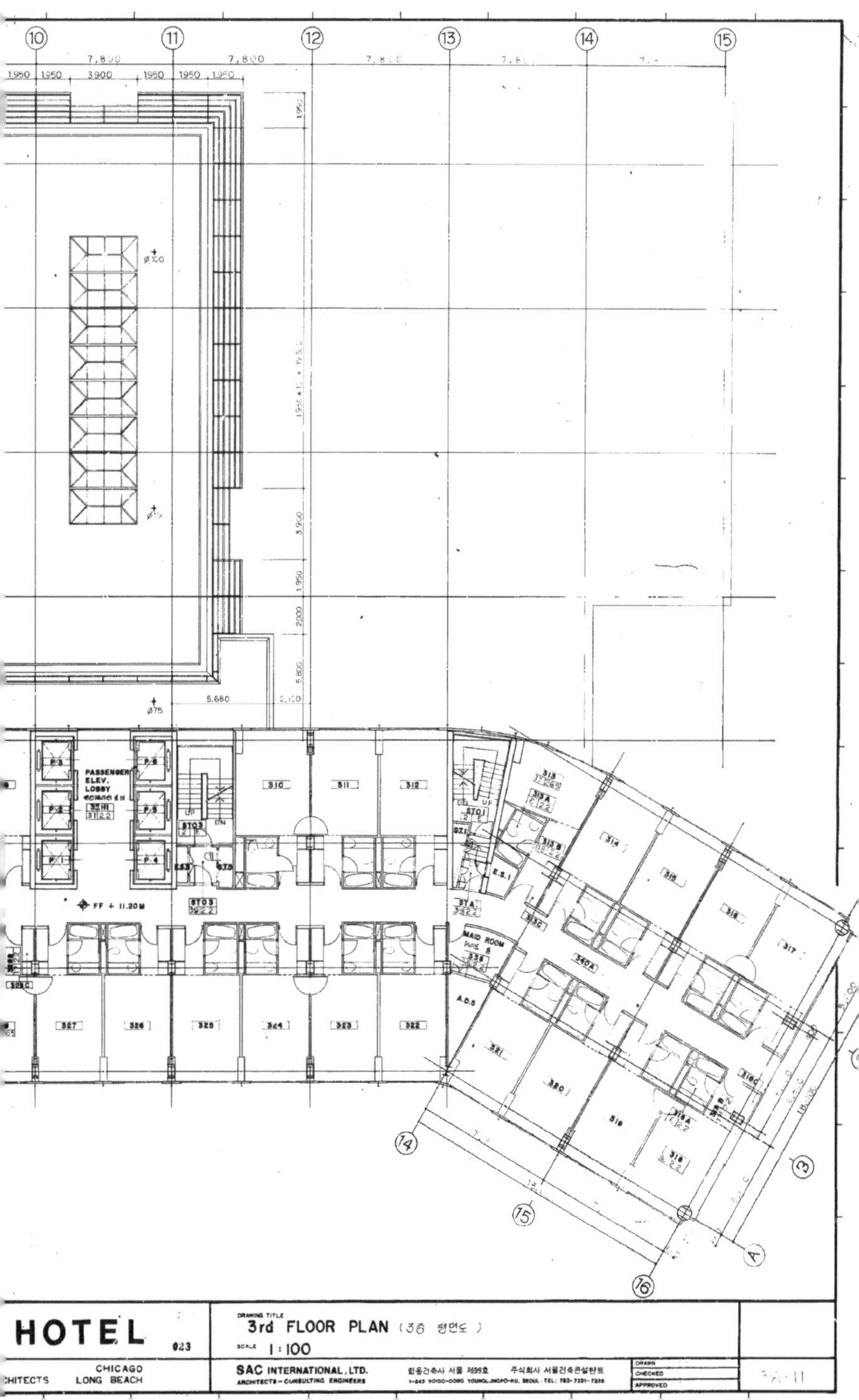
PASSENGER ELEV. LOBBY
FF + 11.20M
MAID ROOM
HOTEL
CHICAGO
LONG BEACH
DRAWING TITLE
3rd FLOOR PLAN (3층 평면도)
SCALE 1:100
SAC INTERNATIONAL, LTD.
ARCHITECTS – CONSULTING ENGINEERS
합동건축사 서울 제99호
주식회사 서울건축큰설탄트
DRAWN
CHECKED
APPROVED

LINEN ROOM
A.D.3
D.S. & S.T.4
TYPEH2A
SERVICE
ELEV.
HALL
TYPEH2
STA 2
ICE MACH. ROOM
TYP 43
A.D.6
P.S.1
CH
TYP 01
TYP 02
TYP 03
TYP 04
TYP 05
TYP 06
TYP 07
TYP 08
TYP 09
TYP 32
TYP 33
TYP 34
TYP 35
TYP 36
TYP 37
TYP 38
TYP 39
TYP 40
TYP 41
1 TYPICAL
2 TYPICAL
SEOUL HIL
JONG S. KIMM, AIA ARCHITE
KILLINGSWORTH, BRADY & ASSOCIATES,
REVISION
DATE

(4th -5th FL.)
SCALE 1:100
(6th - 9th FL.)
SCALE 1:100
PASSENGER ELEV. LOBBY
TYP 12
TYP 13
TYP 14
TYP 24
TYP 25
TYP 26
TYP 27
TYP 28
TYP 29
MAID ROOM
HOTEL
TYPICAL FLOOR PLAN (4th- 9th FL.)
SCALE 1:100
(기준층 평면도 4~9층)
SAC INTERNATIONAL, LTD.
ARCHITECTS—CONSULTING ENGINEERS
CHICAGO
LONG BEACH
DRAWN
CHECKED
APPROVED
3-A-12

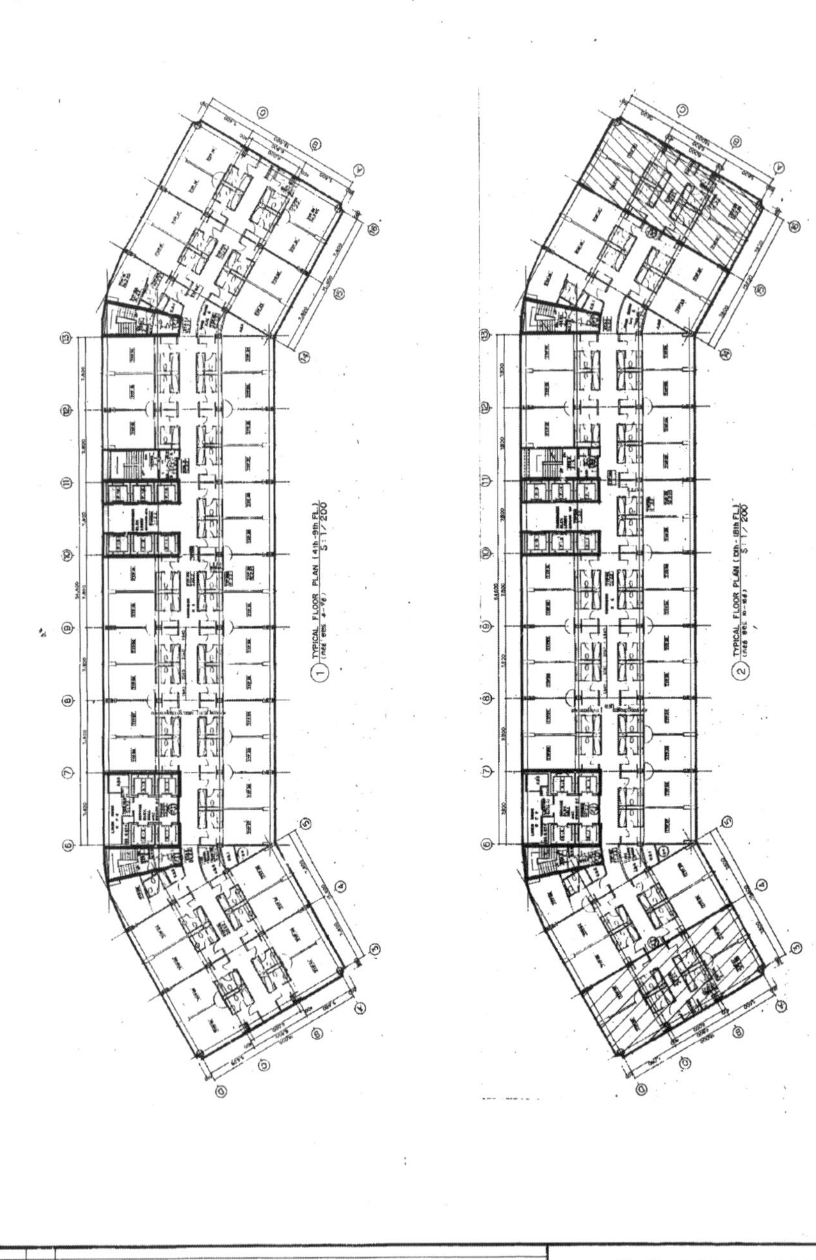

REVISION	DATE	

SEOUL HIL

JONG S. KIMM, AIA ARCHI
KILLINGSWORTH, BRADY & ASSOCIATE

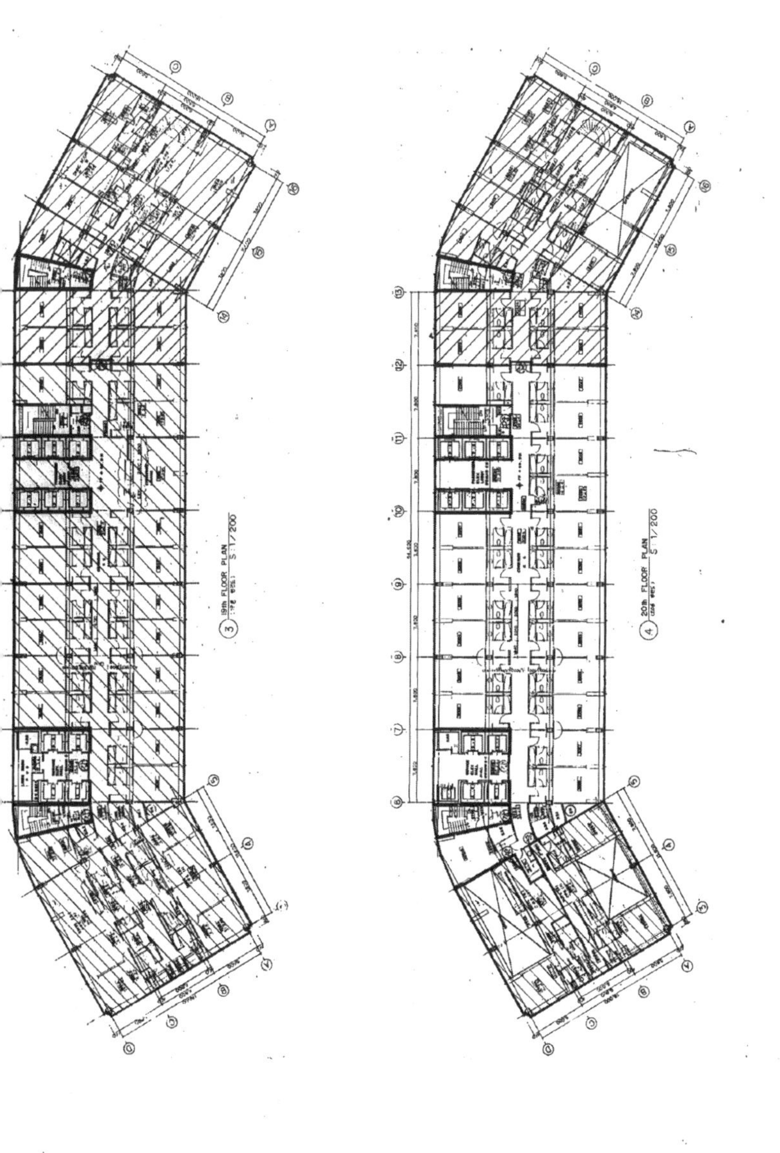

HOTEL 048

CHICAGO
ARCHITECTS LONG BEACH

DRAWING TITLE FIRE PROTECTION ZONE PLAN
4TH FL - 20TH FL PLAN

SCALE 1 200

SAC INTERNATIONAL, LTD.
ARCHITECTS - CONSULTING ENGINEERS

합동건축사 서울 제99호 주식회사 서울건축콘설탄트

DRAWN
CHECKED
APPROVED

3G. - 4

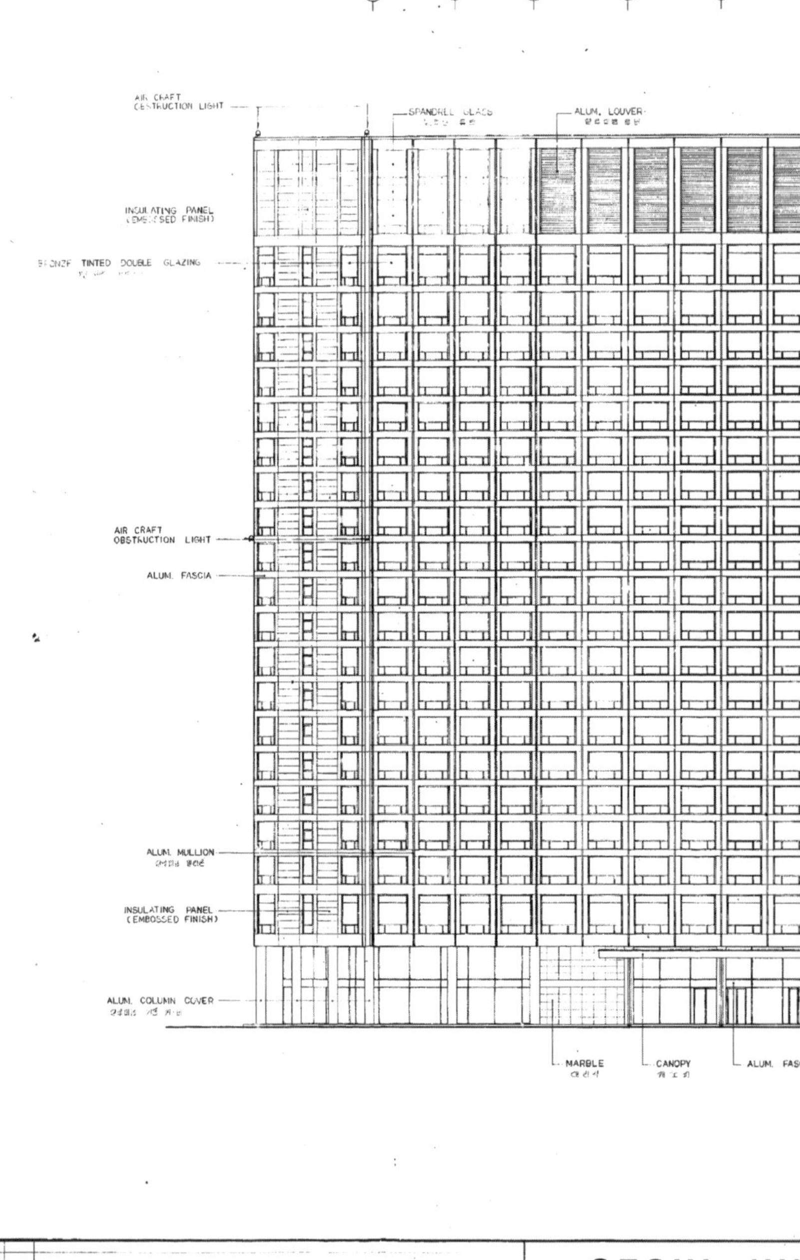

3
4
6
5
7
8
AIR CRAFT OBSTRUCTION LIGHT
SPANDREL GLASS
ALUM. LOUVER
INSULATING PANEL (EMBOSSED FINISH)
BRONZE TINTED DOUBLE GLAZING
AIR CRAFT OBSTRUCTION LIGHT
ALUM. FASCIA
ALUM. MULLION
INSULATING PANEL (EMBOSSED FINISH)
ALUM. COLUMN COVER
MARBLE
CANOPY
ALUM. FASC
REVISION
DATE
SEOUL HIL
JONG S. KIMM, AIA ARCHIT
KILLINGSWORTH, BRADY & ASSOCIATES

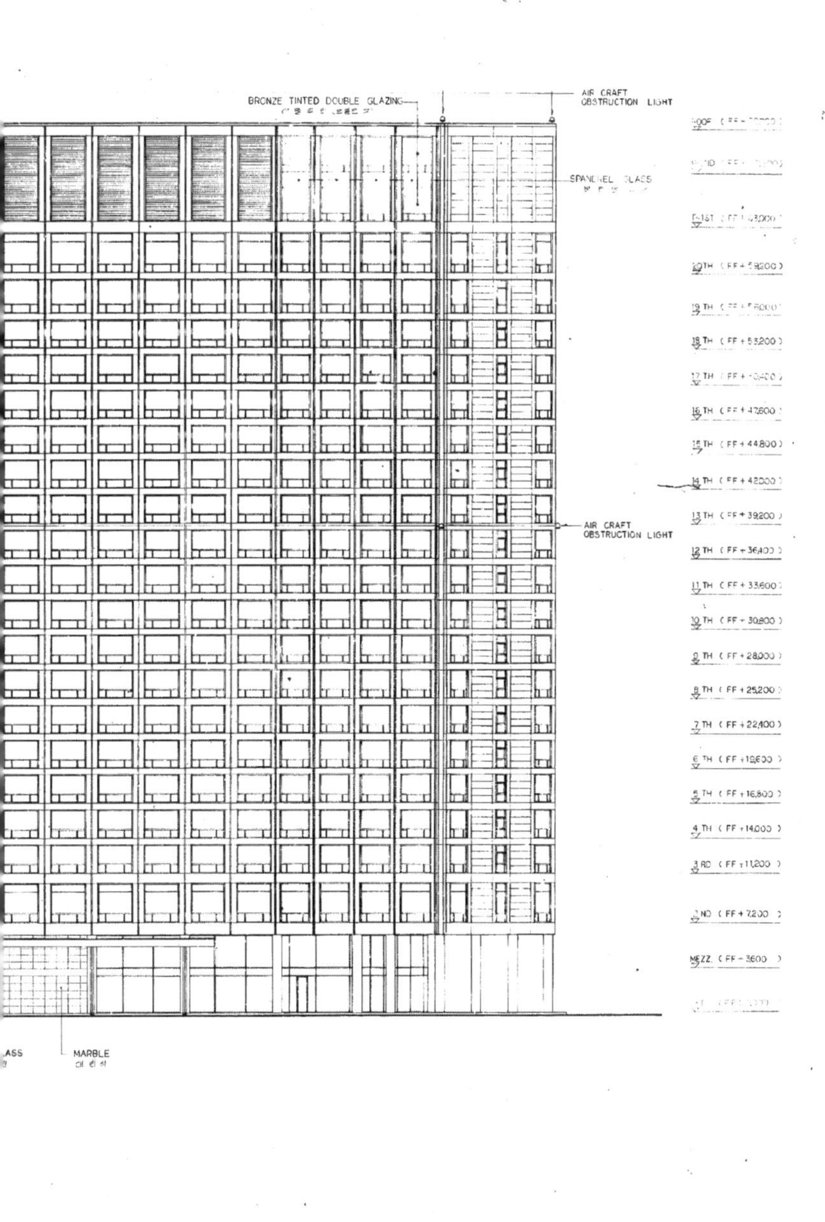

HOTEL

HITECTS CHICAGO LONG BEACH

DRAWING TITLE **FRONT ELEVATION** (정면도)

SCALE 1 : 150

SAC INTERNATIONAL, LTD.
ARCHITECTS – CONSULTING ENGINEERS

DRAWN
CHECKED
APPROVED

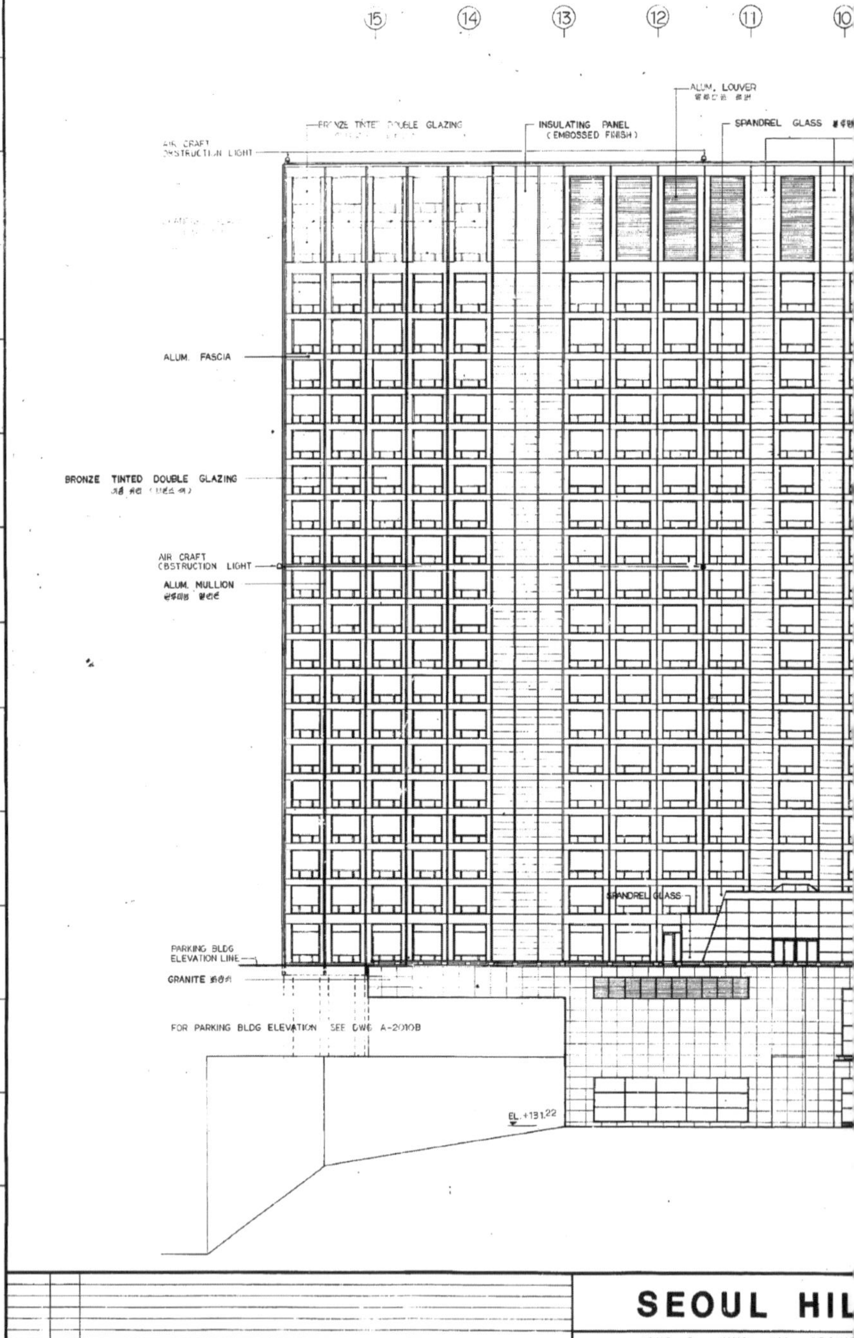

15
14
13
12
11
10
ALUM. LOUVER
INSULATING PANEL
(EMBOSSED FINISH)
SPANDREL GLASS
AIR CRAFT
OBSTRUCTION LIGHT
ALUM. FASCIA
BRONZE TINTED DOUBLE GLAZING
AIR CRAFT
OBSTRUCTION LIGHT
ALUM. MULLION
SPANDREL GLASS
PARKING BLDG
ELEVATION LINE
GRANITE
FOR PARKING BLDG ELEVATION SEE DWG A-2010B
EL. +131.22
REVISION
DATE
SEOUL HIL
JONG S. KIMM, AIA ARCHI
KILLINGSWORTH, BRADY & ASSOCIATE

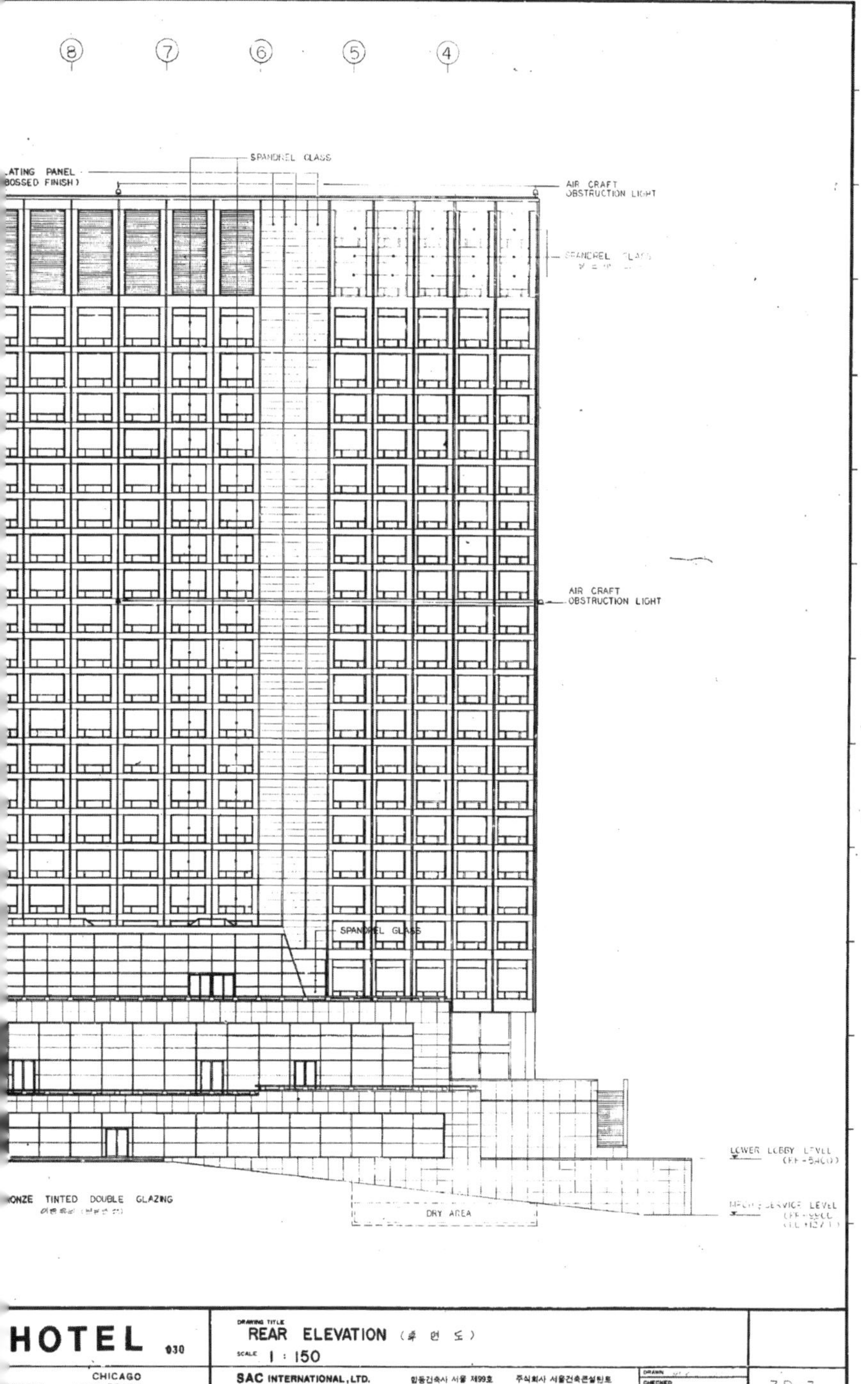
8
7
6
5
4
SPANDREL GLASS
LATING PANEL
BOSSED FINISH)
AIR CRAFT
OBSTRUCTION LIGHT
SPANDREL GLASS
AIR CRAFT
OBSTRUCTION LIGHT
SPANDREL GLASS
LOWER LOBBY LEVEL
ONZE TINTED DOUBLE GLAZING
DRY AREA
HOTEL
030
CHICAGO
ITECTS LONG BEACH
DRAWING TITLE
REAR ELEVATION (후 면 도)
SCALE 1 : 150
SAC INTERNATIONAL, LTD.
ARCHITECTS – CONSULTING ENGINEERS
주식회사 서울건축콘설턴트
DRAWN
CHECKED
APPROVED
3-B-3

초판 인쇄. 2024년 1월 5일
초판 발행. 2024년 1월 15일
초판 2쇄 발행. 2024년 2월 15일

펴낸곳. 램프북스
출판등록. 2020년 8월 27일
등록번호. 제 2022-000170호
펴낸이. 함혜리
지은이. 김종성 안창모 오호근 전이서 정인하 지정우 함혜리 홍재승
편집. 김다희 박준기
디자인. 박준기
사진. 이강석
인쇄 및 제작. 예림인쇄

주소. 서울특별시 마포구 모래내로3길 11, 820호
이메일. culturelamp@naver.com

도움주신 분들. 임정의/임준영(청암아카이브), 국립현대미술관(이현영 아키비스트), 서울기록원, 서울역사아카이브, 대우홍보실, 송인호, 홍혁진(엠디랩프레스), 에그피알(홍순언 대표), 파람북(정해종 대표)

ISBN. 979-11-971964-1-6(03540)